普通高等教育"十四五"规划教材

21世纪全国高校应用人才培养机电类规划教材

工程流体力学(水力学)实验

主　编　李喜斌

副主编　李冬荔　周广利　李　刚

北京大学出版社

PEKING UNIVERSITY PRESS

内 容 简 介

本书是在哈尔滨工程大学多年使用的实验教材《流体力学基础实验》的基础上改编和补充完成的，全面地介绍了流体力学的基础实验项目和经典的工程应用实验项目。本书内容包括流体静力学实验、伯努利能量方程实验、动量定理实验、雷诺实验、局部水头损失实验、沿程水头损失实验、水面曲线实验、堰流实验、流动显示实验、机翼升力及阻力特性实验、圆柱体表面压力分布测量实验等19个实验项目。本书对流体力学实验的基础知识也做了介绍，为学生做好实验打下基础，同时对实验报告和预习报告的写法也提出了规范要求。

本书可作为高等学校船舶与海洋工程、港口航道、能源与动力工程、轮机工程、水利水电、建筑与环境、化工类、核科学与技术等专业本科生流体力学实验用书，也可供相关行业科技人员参考。

图书在版编目(CIP)数据

工程流体力学（水力学）实验 / 李喜斌主编.
北京 ：北京大学出版社, 2025.7. --(21 世纪全国高校
应用人才培养机电类规划教材). -- ISBN 978-7-301
-36241-9

Ⅰ. TB126-33
中国国家版本馆 CIP 数据核字第 2025HG7902 号

书　　　名	工程流体力学（水力学）实验	
著作责任者	李喜斌　主编	
责 任 编 辑	张玮琪	
标 准 书 号	ISBN 978-7-301-36241-9	
出 版 发 行	北京大学出版社	
地　　　址	北京市海淀区成府路 205 号　100871	
网　　　址	http://www.pup.cn　　新浪微博:@北京大学出版社	
电 子 邮 箱	zyjy@pup.cn	
电　　　话	邮购部 010-62752015　发行部 010-62750672　编辑部 010-62754934	
印 刷 者	河北文福旺印刷有限公司	
经 销 者	新华书店	
	787 毫米 × 1092 毫米　16 开本　11.25 印张　240 千字	
	2025 年 7 月第 1 版　2025 年 7 月第 1 次印刷	
定　　　价	39.00 元	

前　言

本书是由编者在多年来从事流体力学实验教学和科研工作的基础上，同时参考多所兄弟院校流体实验教材编写而成，是一本流体力学、水力学等专业的基础实验课教材。本书具有以下特点。

1. 坚持实验项目选择原则：注重基本概念、基本理论、基本技能的训练。实验项目的选择原则为：一是关联经典基础理论的实验，比如伯努利能量方程实验、动量定理实验、雷诺实验等；二是和经典基础理论相关联，有广泛生产实践应用背景的实验，如机翼特性研究实验、物体表面压力分布测量实验、管路水头损失实验、文丘里管测流量实验等。

2. 注重培养学生分析和解决实际工程问题的能力：教得好很重要，但教什么更重要。结合新工科建设要求，把与流体基础理论关联度较高的有代表性的科研一线实验项目、实验技能引进教材，比如测量流场中物体表面压力分布实验、机翼特性研究实验等。把实验的设计思路、制作方法、实验过程、注意事项等一一介绍给学生，确保这些实验与科研实验一样具有严谨性和科学性，并概括总结该类实验的一般方法，即可以推广到其他类似项目的方法。

3. 在基础实验课中兼顾自主创新实验：基础实验课授面广，人数众多，如何利用有限的基础实验课学时，兼顾基础实验项目和自主创新实验项目，这一直是一个难题。一个解决方法就是教材建设，把自主创新实验项目写入教材，在基础实验项目讲解中，列举自主创新题目作为佐证素材；在课后思考题中，提供许多和本节项目相关联的自主创新项目，供同学们思考或课外自己动手做实验，实验室老师提供答疑，实验室提供其他方面的支持。需要强调一点，本科生自主创新实验不是为了创新而创新，而是为了培养学生独立思考、利用所学基本理论知识去解决实际问题的能力，所以教材中的自主创新题目无须频繁更新，创新题目也不一定要最新的，只要有代表性、启发性就可以。当然，在此基础上学生有所创新和发明更好。本书编者在这方面做了很大努力，书中思考题带 * 号的都是典型的自主创新题目或大作业题目。

4. 图表清晰准确：本书中实验项目的主装置图、原理图或运行流程图等，都由编者精心绘制。本书图表清晰准确，对学生课前预习、理解实验、操作实验等都有很大的帮助。

5. 注重教材的逻辑性和体系性：现在各高校提倡开放式实验，即实验室全天开放，减少教师讲解量，如此一来，学生实验前的预习量增大，学生对教师的依赖性减弱，对教材的依赖性增强。本教材由浅入深，由易到难，注重教材的逻辑性和体系性，图表清晰，符合学生自学认知的发展需求。

严谨的科学精神、坚忍不拔的毅力、持之以恒的态度、有始有终的作风、实事求是的品格、甘于寂寞的心境、继承和发扬的精神、务实奋斗的劲头、独立思考的能力、勇于创新的意识，我们希望能把这些美好特质赋予有志于在实验技术方面发展的同学，以此共勉。

本书由哈尔滨工程大学李喜斌负责编写大纲。本书的编写分工具体如下：序章、第三章、第八章、第九章、第十八章、第十九章由李喜斌编写；第一章、第七章、第十章、第十一章、第十二章、第二十章由李冬荔编写；第二章、第十三章由陈少庆编写；第四章、第十四章、第十六章、第十七章由周广利编写；第五章、第六章、第十五章由李刚编写。全书插图由李喜斌绘制和整理。

在本书的编写过程中，我们得到了哈尔滨工程大学李晔教授、康庄教授、谢耀国教授、陈朦老师，以及浙江大学章军军教授、陈少庆老师的悉心指导与大力支持，在此一并致谢。

由于编者水平所限，书中难免存在不妥之处，敬请读者批评指正。

编　者
2025 年 1 月

目　　录

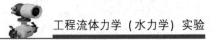工程流体力学（水力学）实验

序章　实验报告的写法及注意事项

第一节　实验报告的写法的一般探讨

一、写实验报告的目的

写实验报告的目的是训练学生掌握科学做事的方法，为其将来从事科研和工程实践工作打下良好基础。科学的思维方式需要经历训练和养成的过程，通过理解、规范和强化，科学的思维方式可以转化为习惯。对实验报告进行规范和强化，就是希望同学们养成科学做事的习惯，并将这种习惯贯穿今后的工作。做一个实验，就是做一件事或者做一个项目（可以说这三者本质相同），科学实验就是科学地做一件事，把科学做事的过程记录下来并加以处理，得出规律性的结果，这就是实验报告。科研实验和教学实验都属于科学实验的范畴。

二、实验报告的内容

实验报告在某种意义上是给别人看的，对实验报告最基本的要求，就是把所做的实验的主要部分向别人介绍清楚。没有做过这个实验的人，他只要有相关的基础知识，通过阅读这份实验报告，就能全面理解实验的主要内容和细节，包括实验数据和结果、实验步骤和过程、实验装置组成、实验原理等。

三、实验报告的格式及要求

虽然实验报告没有绝对固定的格式，但实验最主要的部分一定要交代清楚，并且易于别人理解。国内外单项科研实验报告大多由六个部分组成，各个部分的名称可能不同，但本质是一样的，即实验目的、实验装置、实验原理、实验步骤与方法、实验数据、实验分析与探讨（实验结论）。这六个部分全面地介绍了实验相关内容。从某种意义上说，对于一个单项实验，少写一个部分都不完整，再多写一个部分也可能是重复的。

实验报告是科技报告的一种简写格式，也体现了科学做事情的完备思路和方法。

本科生实验大部分是单项实验，实验报告分为六个部分，实验报告基本内容如图0-1所示。这六个部分就能把一个普通的单项实验表述清楚。学生需要在实验完成后撰写实验报告，实验报告应包含上述六个部分且缺一不可，也可根据任课教师的要求进行调整。

古人言，"记事者必提其要，纂言者必钩其玄"，说的就是科学做事的原则。对实验报告的要求，正是任课教师基于对实验的理解及实验课要达到的目的和要求而提出的。

实验项目名称

一、实验目的

二、实验装置
　　1. 实验主装置图（太复杂的应绘制原理示意图）及简单介绍。
　　2. 写出本实验其他设备仪器名称。

三、实验原理
　　写出原理公式或叙述性理论阐述，公式中所有字母意义要注明。

四、实验步骤与方法
　　1. 设计创新类实验的方法及思路（普通实验可省略本步骤）。
　　2. 归纳出主要实验步骤。

五、实验数据
　　1. 原始数据记录（包括实验数据、实验设备环境原始参数等数据）。
　　2. 数据处理（实验数据的表格化、解析式化、图象化及误差分析等）。
　　　以上两条要注意的是所有的数据要标明单位。

六、实验分析与讨论
　　1. 对实验结果与实验目的、实验原理的吻合情况进行分析。
　　2. 根据实验结果和现象对思考题进行回答。

图0-1　实验报告基本内容

四、实验报告的其他问题

1. 养成使用A4纸的习惯，在A4纸上设计和布置版面。现在大部分办公资料、科研报告等均是使用A4纸打印的，实验报告也应使用A4纸书写。

2. 实验报告由六个部分组成，实验项目名称居中，序号"一、二、三、四、五、六"要竖对齐，每部分里的小标题序号"1、2、3、4、5"等也要竖对齐；大标题和小标题按惯例适当错开。

3. 鼓励横向装订。双面书写的实验报告，必须横向装订，且要注意预留装订线。装订一侧页边距为25 mm，其余为15 mm或10 mm，注意这个不是绝对要求，但一定要留有页边距。若采用纵向装订，则不能双面书写。横向装订采用三只书钉，纵向装订采用两只书钉，书钉间隔要均匀。

4. 在实验报告中，数字必须书写得清楚且准确，任何不能被准确识别的数字，都是不允许出现的。

5. 实验报告封面中的各项均应填写，因为各项内容都具备与实验相关联的属性，例如，时间关乎的是实验的时效性等。另外，姓名和学号也必须写清楚。

总之，科学素质的培养，要从点滴做起。

第二节 预习报告的写法和预习注意事项

写预习报告的目的在于督促大家预习，提高实验课堂教学效果。与写读书笔记一样，你认为哪些知识很重要、哪些内容对实验有帮助、哪些内容是要点，都可以写在预习报告中。但是不建议多写，写一页左右即可，否则占用太多时间反而不利于预习。下面针对预习提出4点意见。

1. 学生实验大部分是单项实验，可能是对一个公式或一组公式的验证，所以应该写出实验原理中对应的公式，并充分理解公式，了解公式表达的本质、公式中各变量的物理意义及单位。

2. 绘制实验装置图。一定要在预习时领会实验装置的工作原理及运行流程，否则很难准确理解实验内容。

3. 对重要的实验步骤进行简单归纳。实验一般包括实验准备和实验测量两个步骤。

4. 熟悉实验数据表格。在预习报告中一定要把用于记录实验数据的表格绘制出来。实验完成后，请教师批改并签字，此时实验才算完成。实验数据为实验报告提供数据支撑，因此应该将实验数据表格装订在实验报告之后。

第一章 流体力学实验基础知识

流体是由大量的、不断做热运动而且无固定平衡位置的分子构成的液体和气体的总称。它在平衡时不能承受任意大小的剪切力，几乎没有抵抗形变的能力，并且都具有某种程度的可压缩性。

从生产到生活，流体无处不在。人类对于流体的研究，从阿基米德开始，已有2000多年的历史，并取得了大量的成就。今天我们既可以从宏观的角度来研究流体，也可以从微观的角度来分析流体。而对于流体力学实验的学习，我们首先要了解流体的基本物理性质及流体力学实验测量中需要的基础知识，这些基础知识经常出现在各专项实验环节中，对领会各实验有重要意义。本章主要介绍流体力学实验中直接或间接能用到的知识及实验操作性强的知识。

第一节 水平、U 形管、连通器的概念及应用

一、水平及其应用

静止的流体，在一定的范围（工程范围）内是水平的。流体没有固定状态，不能承受任意剪切力，它可以利用自身重力达到稳定的状态，这就是水平。

利用静止流体表面是水平的原理（图 1−1），把静止流体表面作为参考基准面（基准线），如拖曳水池用水平水槽内的水平面校正拖车轨道水平情况（图 1−2）。水平泡可用来校正小尺度仪器底座水平，水平管可用来确定较大尺度范围的参考基准面（基准线），还有水平仪、水平尺等都有不同应用。由于测量的数值都是相对的，因此参考基准面（基准线）的选取很重要。调试好参考基准面（基准线）是一切测量准确的基础。

流体力学实验室的很多仪器都是选择水平面作为测量基准，故实验台桌面要水平，可通过调节实验台下方的四个可调螺栓调整每个桌角的高低，同时使用水平尺多点校核桌面水平。

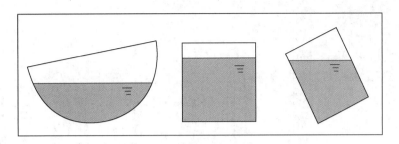

图 1-1 静止流体表面是水平的

图 1-2 利用水平面校正拖车轨道水平情况

二、U形管、连通器及其应用

1. U形管

图 1-3 所示是 U 形管，因其形状似字母"U"而得名。在 U 形管内注入同一种液体，只要管内液体连续静止，液面就会相平（水平），原理是两边液柱对最低点所在截面 D—D 压力相等。

2. 连通器

将两个或多个容器底部连通起来就构成连通器。连通器在流体力学实验中经常被使用。连通器原理和 U 形管原理一样，它可以看作是 U 形管的变形。连通器的特点是，只有容器内装有同一种液体且连接管路内充满连续液体时，各个容器中的液面才是相平（水平）的。如果容器倾斜，则各容器内的液体开始流动，由液柱高的一端流向液柱低的一端，直到各容器内的液面相平（水平），液体停止流动而静止。如图 1-4 所示。

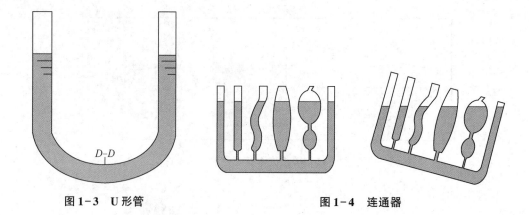

图 1-3　U 形管　　　　　　　　图 1-4　连通器

利用 U 形管和连通器的原理，我们可以校验流体力学实验过程中各管路内气体是否排净。排气是流体力学实验前非常重要的准备工作。只有管路内气体排净了，流体才能连续，测点的压力才能准确传递并反映在测压管上；否则流体不连续，测压管上测得的值不是真值。

图 1-5 所示是伯努利能量方程实验装置的上半部分，组合管路上布置 19 个测点，分别和测压板上的 19 根测压管用透明软管一一对应连接。图 1-5 中只画了测点 16 和测压管 16 对应连接的情形，其他省略。这样恒压水箱、实验管道、连接软管和测压管就组成了连通器（在阀门完全关闭、恒压水箱溢流的情况下），当连接测点和测压管的管道及软管内充满连续的流体，所有测压管 1 ～19 水面应该相平（水平）并且和恒压水箱高度一致。如果不一致就说明连接系统内有气体，就要排气。如果流体连续，测点的压力就可以在测压管上准确地反映出来。如果连接系统内有气体，流体就不连续，测量值也就不准确。排气方法参见具体的实验项目。

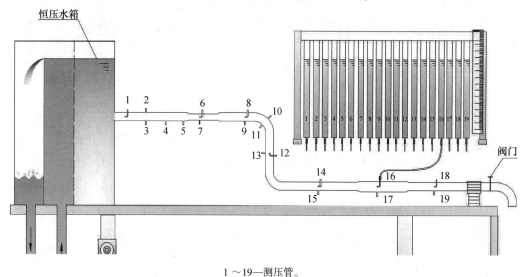

1 ～19—测压管。

图 1-5　伯努利能量方程实验装置的上半部分

如果使用橡皮管将两根玻璃管连通起来，容器内装入同一种液体，将其中一根玻璃管固定，使另一根玻璃管升高、降低或倾斜，则可观察到两根管里的液面在静止时始终保持相平，这就是工程上常用的水平管，常用来确定较大尺寸上的水平基准线或在其他工程场景中确定等高线。

3. 连通器的应用

连通器在工农业生产中被广泛应用。比如液位指示管，也称测压管，即在被测量液位（压力）容器上开个小孔，焊接或胶粘一段小管子，再用软胶管连接到玻璃管上，如图 1-6（a）所示。这样玻璃管和被测压力容器就构成了连通器，容器内压力或液位就可以在玻璃管上显示出来。连通器的其他应用如图 1-6（b）（c）所示。

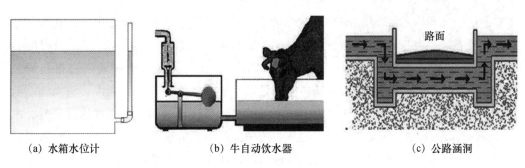

（a）水箱水位计　　　　　　（b）牛自动饮水器　　　　　　（c）公路涵洞

图 1-6　连通器的应用

三、虹吸现象

虹吸现象是由液态分子间引力与位差能造成的，即利用水柱压力差，使水上升再流到低处，如图 1-7 所示。由于管口水面承受不同的压力，水会由压力大的一边流向压力小的一边，直到两边的压力相等，容器内的水面变成相等高度，水才会停止流动。利用虹吸现象，可将容器内的水快速抽出。在流体力学实验室中，我们经常会遇到给设备加水或对狭小区域放水的情况，利用虹吸管就会非常方便。需要注意的是，虹吸现象发生前，虹吸管中必须充满连续的水。这是一个实用技巧，实验人员应该掌握。

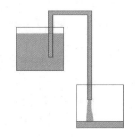

图 1-7　虹吸现象

第二节　液体压强的特点

一、帕斯卡定律

帕斯卡定律是指在流体（气体或液体）力学中，封闭容器中的静止流体的某一部分发生的压强变化，将毫无损失地传递至流体的各个部分和容器壁。这是流体静力学的一条定律，它指出了不可压缩静止流体中任一点受外力产生压力增值后，此压力增值瞬时间传至静止流体的各点。

帕斯卡是在大量观察、实验的基础上，才发现了帕斯卡定律的。在帕斯卡做过的大量实验中，最著名的一次实验是这样的：他在一个木酒桶的顶端开一个孔，并在孔中插入一根很长的铁管，然后将插口密封好。实验时，他事先在酒桶中装满水，然后慢慢地往铁管中注入几杯水，当铁管中的水柱高度达数米时，木桶突然破裂，水从裂缝中向四面八方喷出（图1-8）。帕斯卡定律的发现，为流体静力学的建立奠定了基础，为大型水压机、油压千斤顶等工程机械的发明提供了理论依据。

图1-8　帕斯卡定律实验

在动量定理实验中，带活塞套的测压管水柱对活塞套中心点的压力也同样传递到活塞上面，大小相等，都是 $\rho g h_c$，其中 h_c 是测压管水位高度，数值为测压管液面到活塞中心的距离。在预习动量定理实验时要注意这一点。

在沿程水头损失实验中也会遇到这个问题，排净管路中气体，完全关闭流量阀门，这时密闭管路内压力为水泵提供的压力，管内各点压力都相等。我们会观察到，连接在测量段两端测点上的压力表压差读数为0，比压计均显示为相同的压力。

二、用水柱高度表达点的压力

流体力学最关心的问题之一是流场内的压力分布和速度分布，具体体现为流场中任意一点的速度和压力的测量问题。这可以使用毕托管和测压管进行测量。在流体测量中，毕托管是用来测量流场中点的速度与压力的测量装置。这是因为相对于流场来说，毕托管尺寸很小，而点的定义来自数学，即点没有大小，线由点组成，没有宽窄。点没有大小就是没有面积，就无法用压强单位来表达，所以用水柱高度来表达点的压力是非常恰当的。

第三节　流体的密度、重度、相对密度

在流体力学实验数据处理过程中，流体的密度、重度、相对密度等概念极易混淆，我们有必要在实验之前预习相关教材，从而了解它们的概念。

一、流体的密度

1. 流体密度的定义

物质的密度是单位体积物质的质量。流体的密度是单位体积流体的质量，是流体重要的属性之一，它表征流体在空间某点质量的密集程度，用 ρ 表示。流体中围绕某点的体积为 δV，对应该体积的质量为 δm，则比值 $\dfrac{\delta m}{\delta V}$ 为某点体积 δV 的流体微团的平均密度。令 $\delta V \to 0$，取该比值极限，则

$$\rho = \lim_{\delta V \to 0} \frac{\delta m}{\delta V} \tag{1-1}$$

式中　ρ——流体单位体积内所具有的质量，即流体密度，单位为 kg/m^3。

如果流体是均匀的，则该流体密度就是

$$\rho = \frac{\delta m}{\delta V} = \frac{m}{V}, \quad 即\ \rho = \frac{m}{V} \tag{1-2}$$

式中　m——流体质量，kg；

V——对应流体体积，m^3。

2. 流体密度的测量

流体密度的测量工具是很成熟的工业产品，实验室常用的有振动式密度计和浮子式密度计。

（1）振动式密度计。

将定量液体注入振动试管，设备将液体维持在特定温度，由于振动试管的振动频率和振动试管中的液体质量有关，因此根据振动频率和标定值比较可得出流体密度。

（2）浮子式密度计。

浮子式密度计是根据阿基米德定律和物体浮在液面上的平衡条件制成的，它是测定液体密度的一种仪器。其主体为一根密闭的玻璃管，一端粗细均匀，内壁贴有刻度纸；另一端稍膨大呈泡状，泡里装有小铅粒或水银，以确保玻璃管能在被检测的液体中竖直地浸入足够的深度，并能稳定地浮在液体中。也就是说，当它受到任何摇动

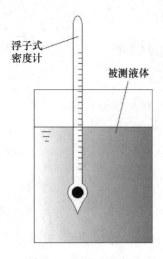

图 1-9　浮子式密度计
测量液体密度

时，都能自动地恢复到垂直的静止位置（图1-9）。当浮子式密度计浮在液体中时，其本身的重力与它排开的液体的重力相等，于是其在不同密度的液体中浸入的深度不同，即所受到的压力不同。密度计就是利用这一关系来标定刻度的，通过与标定数值对比就可以测出该种液体的密度。浮子式密度计造价低廉，操作简单且应用广泛。

二、流体的重度

在地球重力场中的所有物体都具有重力，单位体积流体的重力称为流体的重度或容重。它是描述流体的重力在空间中分布的物理量，一般用 γ 表示。

对于非均匀流体，其重度为

$$\gamma = \lim_{\delta V \to 0} \frac{\delta G}{\delta V} \qquad (1-3)$$

对于均匀流体，其重度为

$$\gamma = \frac{G}{V} \qquad (1-4)$$

式中　γ——流体的重度，单位为 N/m³；

δG、G——流体的重力，单位为 N；

δV、V——流体的体积，单位为 m³。

密度与重度的关系：

因为 $\gamma = \dfrac{G}{V}$，$\rho = \dfrac{m}{V}$，所以 $G = \gamma V$、$m = \rho V$。

将 $G = \gamma V$、$m = \rho V$ 代入 $G = mg$，得到流体的密度与重度之间的关系为

$$\gamma = \rho g \qquad (1-5)$$

其中，g 为重力加速度。即液体的重度可以通过测定的密度进行换算。

三、流体的相对密度

在流体力学实验数据换算中还会用到相对密度的概念，我们不应混淆重度与相对密度的概念。相对密度是指某流体的重力与同体积4℃水的重力比值，它是一个无量纲数，用符号 δ 表示。它也等于某流体的密度或重度与4℃时水的密度或重度的比值。

$$\delta = \frac{\gamma_f}{\gamma_w} = \frac{\rho_f}{\rho_w} \qquad (1-6)$$

式中，γ_f、ρ_f 分别为某流体的重度和密度；γ_w、ρ_w 分别为4℃时水的重度和密度。

水的相对密度为 1.00，水银的相对密度为 13.6。几种常见流体的密度和重度

见表 1-1。

表 1-1　几种常见流体的密度和重度

流体	温度/℃	密度/(kg/m³)	重度/(N/m³)
蒸馏水	4	1 000	9 807
海水	15	1 020～1 030	10 003～10 100
石油	15	880～890	8 630～8 729
酒精	15	790～800	7 747～7 845
水银	0	13 600	133 370
空气	0	1.293	12.68
氧气	0	1.429	14.01

注：重度依据重力加速度 $g \approx 9.806\,65$ m/s² 计算并四舍五入得到。

第四节　流体的黏性及测量方法

一、流体的易流性

通常我们把能流动的物质称为流体。流体在力学性能上与固体的主要区别在于它们对于外力的抵抗能力是不同的，具体体现在以下两点：

（1）流体不能承受拉力，因此流体内部不存在抵抗拉伸变形的拉应力；

（2）在静止时，流体处于平衡状态，不能承受剪切力，任何微小的剪切力都会使流体发生连续变形，平衡状态被打破进而产生流动。

流体的这两个特点体现了流体的易流性。

二、流体的黏性

几乎所有的流体都具有黏性。黏性流体流经固体壁面时，紧贴固体壁面的流体质点黏附于固体壁面，它们与固体壁面的相对速度等于零，这与理想流体大不相同。既然流体质点要黏附于固体壁面上，受固体壁面的影响，在固体壁面和流体的主流之间必定有一个由固体壁面的速度过渡到主流速度的流速变化区域。因此，对于在同一通道中流动的理想流体和黏性流体，它们沿截面的速度分布是完全不同的。对于流速分布不均匀的黏性流体，其在流动的垂直方向上必然出现速度梯度，相对运动的流层之间一定会产生相互作用，形成摩擦阻力，也就是存在切向应力。要克服流层间阻力，维持黏性流体的流动，就要消耗机械能，消耗掉的这部分机械能转换为热能并被流体带走，这种特性就是流体的黏性。黏性是流体抵抗剪切形变的一种固有物理属性。

图 1-10 为工程中常见的水管层流时的流速分布图，其中图 1-10（a）为氢气泡法照片，图 1-10（b）为流速抛物线分布图。之所以用层流举例，是因为层流时黏性阻力所占比例大，湍流时阻力成分相对复杂。用毕托管也可测得流体在该断面的流速分布，绘成图也具有相同的规律。流体沿管道直径方向分成很多流层，各层的流速不同。从氢气泡法照片可以清晰地看到，管轴心处的流速最大，沿着管壁圆周逐渐减小，直至管壁处流速小至几乎为零，这就是流体黏性的外在表现。

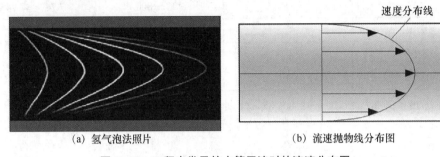

(a) 氢气泡法照片　　　　　　　　(b) 流速抛物线分布图

图 1-10　工程中常见的水管层流时的流速分布图

如图 1-11 所示，两块相互平行的平板，中间充满流体。使上层平板以速度 v 沿水平方向运动，而下层平板保持静止不动。由于黏性力作用，与上层平板接触的流体将以速度 v 运动，而与下层平板接触的流体则静止不动，中间流体的速度则由上层平板的速度 v 逐渐变化至下层平板的速度零，这与管道中的流速分布是一致的。各流层之间都有相对运动，因而必定产生切向阻力，即内摩擦阻力。要维持这种运动，必须在上层平板施加与内摩擦阻力大小相等且方向相反的切向力。这一切都是因为流体具有黏性。图 1-11（a）为氢气泡法照片，图 1-11（b）为毕托管测得的速度分布图。

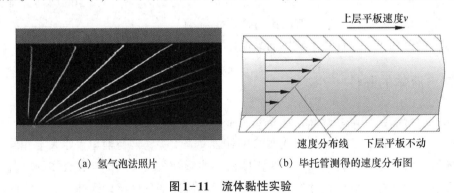

(a) 氢气泡法照片　　　　　　　　(b) 毕托管测得的速度分布图

图 1-11　流体黏性实验

三、流体黏性测量方法

黏度是表征液体黏性强弱的物理量。测定黏度的仪器叫作黏度计，用黏度计测定液体黏度很方便。黏度计种类繁多，按照原理分类，常用的有毛细管式黏度计、旋转式黏度计和振动式黏度计等。

1．毛细管式黏度计

样品容器内充满待测样品，并保持恒温，通过记录待测液体流至指定刻度线的时间来衡量液体黏度大小。一般来说，所需时间越长，则样品黏度越大。

毛细管式黏度计是带有两个球形泡的 U 形玻璃管，球形泡1上、下各设有一环形刻度线 a 和 b，其下方为一段毛细管，如图 1–12 所示。使用时，使体积相等的两种不同液体分别流过球形泡1下的同一毛细管，由于两种液体的黏滞系数不同，因而它们流完所需的时间不同。测定时，一般用水作为标准液体。先将水注入球形泡2内，然后吸入球形泡1中，并使水面在刻度线 a 以上。由于重力作用，水经毛细管流入球形泡2，当水面从刻度线 a 降到刻度线 b 时，记下其经历的时间 t_1。然后在球形泡2内换以相同体积的待测液体，用相同的方法测出相应的时间 t_2，根据事先给定的数据表求出待测液体黏度。

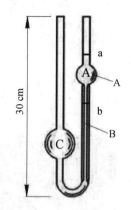

A—球形泡1；B—毛细管；C—球形泡2；
a—上环形刻度线；b—下环形刻度线。

图 1–12　毛细管式黏度计

毛细管式黏度计制作容易，操作简便，具有较高的测量精度，特别适用于研究黏滞系数小的液体，如水、汽油、酒精、血浆或血清等。

2．旋转式黏度计

旋转式黏度计也是一种应用广泛的黏度计。使用时，需将仪器中注满待测液体，保持恒温，并开动电机带动测力机构旋转，在此过程中，所需的力矩越大，则样品黏度越大。力矩值通过电容转化为电信号，由仪表显示出来，即可读取黏度数值。

3．振动式黏度计

由于处于流体内的物体振动时会受到流体的阻碍作用，此作用力大小与流体黏度有关，故可在流体中放置弹片，通过测量弹片的机械振动振幅求得黏度。振动式黏度计便是依据这一原理设计的。

第五节　表面张力现象、毛细现象、浸润和不浸润现象

一、表面张力现象

将一根棉线拴在铁丝环中间，略松弛一些，并把它放到肥皂水中，取出后环上会出现一层肥皂薄膜，然后用针刺破肥皂薄膜的一侧，则棉线会被拉向另一侧，如图

1-13 所示。水黾能轻松漂浮于水面之上，主要原因是水黾的自身重力小于水的表面张力，如图1-14所示。液体表面这种收缩趋势是由液体表面张力形成的，下面我们就来分析表面张力。

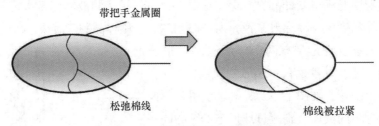

图 1-13 利用表面张力拉紧棉线

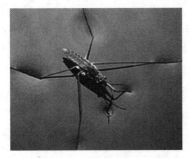 

（a）表面张力支撑水黾自身重力图1　　　　（b）表面张力支撑水黾自身重力图2

图 1-14 水黾依靠表面张力支撑自身重力

　　根据分子引力理论，分子间的引力与其距离的平方成反比。当分子间的距离超过吸引力作用半径 r（$10^{-10}\sim10^{-8}$m）时，引力变得很小，可忽略不计。以 r 为半径的空间球域称作分子作用球。液体内部每个分子均受分子作用球内同种分子的作用，完全处于平衡状态；但在与空气接触的液体表面层，分子作用球内有液体和空气两类分子，气体分子引力远小于液体分子引力，可忽略不计，则在此层的分子会受到一个不平衡的分子合力。此合力垂直于液面并指向液体内部，在此不平衡分子合力的作用下，薄层内的分子都力图使液体向内部收缩。如果没有容器的限制和重力的影响，则微小液滴表层就像蒙在液滴上的弹性薄膜一样，紧紧向中心收缩，最后会缩成具有最小表面积的球形，如图1-15所示。

　　接下来，比较液体内的分子 A 和液面的分子 B 的受力情况。以分子 A 为球心，作以分子力的有效力程为半径的球面，如图1-16所示，则所有对分子 A 有作用力的分子都在球面之内。选取一段较长的时间 T（是分子两次碰撞之间的平均时间），由于对称性，在这段时间内，各个分子对分子 A 的作用力的合力等于零。以分子 B 为球心的球面的一部分在液体之中，另一部分在液面之外，液面之外的分子密度远小于液体之中的分子密度。如果忽略液面之外的分子对分子 B 的作用，则由于对称性，

CC' 和 DD' 之间所有分子作用力的合力等于零；对分子 B 有效的作用力是由球面内 DD' 以下的全体分子产生的向下合力。由于处在边界内的每一个分子都受到指向液体内部的合力，所以这些分子都有向液体内部靠近的趋势，同时分子与分子之间还有侧面吸引力，即有尽量收缩表面的趋势。如果将液滴剖开，取上半球台为分离体（图1-17），因为球表面向球心收拢，则在球台剖面周线上存在张力，且它连续均匀分布在周线上，方向与液体的球形表面相切，这种力就是液体的表面张力。单位长度上的表面张力一般用 σ 表示，单位是 N/m。

图1-15　表面张力成因分析图之一

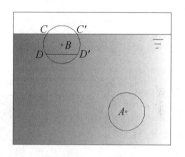

图1-16　表面张力成因分析图之二

　　球形液滴现象：玻璃板上的水银滴基本呈球形，这是因为水银滴外表面薄层内的所有分子都处于高势能状态。计算表明，如果使分子总势能极小，则液体表面必定呈球形。如果设法消除重力的影响，例如把液滴放在相对密度相同又不与液滴发生化学反应的另一种液体中，或使其在真空中自由下落，或将其置于失重的人造地球卫星与火箭的环境中，液滴将呈现理想的球形。比如荷叶上的球形露珠，如图1-18所示。

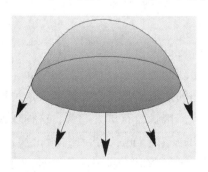

图1-17　表面张力成因分析图之三

图1-18　荷叶上的球形露珠

二、毛细现象

　　液体分子间的吸引力称为内聚力，液体分子与固体分子间的吸引力称为附着力。当液体与固体壁面接触时，若液体内聚力小于液体与固体间的附着力，液体将浸润、附着壁面，并沿壁面向外伸展；若液体内聚力大于液体与固体间的附着力，液体将不浸润壁面，而是自身抱成一团。液体与固体壁面接触时的这种性质，可以用来解释毛细管中液面的上升或下降现象。

将细玻璃管分别插入水中和水银中，因为水的内聚力小于玻璃壁面的附着力，水浸润玻璃管壁面并沿壁面伸展，致使水面向上弯曲，表面张力把管内液面向上拉高，如图 1-19 所示；而水银的内聚力大于玻璃壁面的附着力，所以不浸润玻璃壁面，并沿壁面收缩，致使水银面向下弯曲，表面张力把管内液面向下拉低，如图 1-20 所示。我们将这种在细玻璃管中液面上升或下降的现象称为毛细现象，将能够发生毛细现象的细玻璃管称为毛细管。

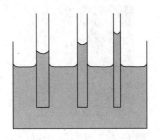　　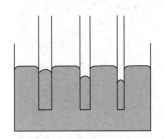

图 1-19　水的毛细现象　　　　　　　图 1-20　水银的毛细现象

在实验过程中，测压管读数最易受毛细现象影响，管径越粗影响越小，但太粗不利于实验设备的安装和布置。流体实验室中测压管内直径一般为 8 mm，基本克服了毛细现象的影响（一般认为玻璃管内直径大于 10 mm 就可以忽略毛细现象）。但由于管内液面仍然有不平的现象，因此读数时，测单点水头需要注意平视读取管内液面最低点数值，测压差时要读取液面最低点数值或各测压管液面对应一致位置的数值。

三、不浸润和浸润现象

表面张力决定了液体与固体表面接触时会出现两种现象：不浸润和浸润。水银掉到玻璃上会呈现出球形，也就是说，水银与玻璃的接触面具有收缩趋势，这种现象为不浸润。而水滴掉到玻璃上会慢慢地沿玻璃散开，接触面有扩大趋势，这种现象为浸润。水银虽然不能浸润玻璃，但是用稀硫酸把锌板擦干净后，再在锌板上滴上水银，我们将会观察到，水银慢慢地沿锌板散开，而不再呈球形。这一现象说明，同一种液体能够浸润某些固体，而不能浸润另一些固体。水银能浸润锌，而不能浸润玻璃；水能浸润玻璃，而不能浸润石蜡。

浸润和不浸润两种现象，决定了液体与固体器壁接触处会形成两种不同形状：凹形和凸形。将表面涂了油的硬币放入盛满水的水杯中，硬币会浮在水面上，这是由于水具有很大的表面张力而出现了不浸润现象。在工程技术和日常生活中，人们经常利用水和油不相容这一特性，如：在纸伞上涂油漆做成雨伞；给金属器材涂机油，防止其因沾水而生锈；在选矿过程中，使用浮选矿法，即把砸碎的矿石放入池中，在池里加水和只浸润有用矿物的油，使有用矿物表面沾上薄薄一层油，然后再向池中输送空气，这样气泡就附着在有用矿物粒上，产生的浮力会把它们带到水面，从而与岩石等杂质分离开。

第六节　流体压强的测量

一、液柱式测压管

在流体力学实验和水力学实验中，压强的测量是一项基本的测量技术，几乎贯穿实验全过程。液柱式测压管的基本原理是利用连通器原理，对同种静止流体深度相同的各点静压强进行测量。

测压管是一根直径不小于 10 mm 的玻璃管或其他材料的透明硬质管。之所以要求测压管直径不小于 10 mm，是为了避免毛细现象引起的读数误差。压力是矢量，既有大小也有方向。对于静压强的测量，测点开孔方向为水平方向。对于管路上测点的安装与布置则另有要求，因为管路内流体是流动状态，要测量管内的静压强就要确保测点安装在该点的法线方向上，即作为安装测点的小细测压管轴线和该点法线方向一致，从而确保该测压管读数不受速度分量影响，测得的压强值为有压管路或有压腔体内的静压强。在图 1-21 中，测压管分别安装在 A、B、C、D 四点的法线方向上，垂直于该点的速度方向，即速度在该方向没有分量。

对于流场中某点的压强测量，可以利用尺寸较小、具有一定形状的测压管深入流场中，视流场尺寸确定测压管尺寸和形状，尽量避免干扰流场。

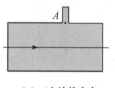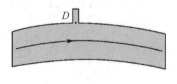

（a）A点法线方向　　　　（b）B点法线方向　　　　（c）D点法线方向

图 1-21　测点开孔方向

测点压强可以用压强单位表示，或直接用水柱高度表示。用水柱高度表示直观，可以直接读出数值。在图 1-22 中，在 $p_0 = 0$，$p_0 > 0$，$p_0 < 0$ 三种情况下，C 点的相对压强为不同高度的 H_C，即可以用水柱高度表达 C 点压强，C 点压强为

$$p_C = \gamma H_C = \rho g H_C \qquad (1-7)$$

式中，γ、ρ 分别是水的重度和密度。

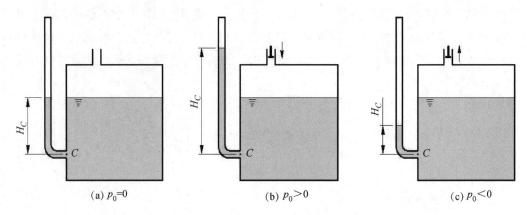

(a) $p_0 = 0$ (b) $p_0 > 0$ (c) $p_0 < 0$

图 1-22　测压管测点的相对压强

　　前面讲过 U 形管的概念，现在看看它作为测压管的应用，如图 1-23 所示。若利用 U 形管测量图 1-22（b）（c）两种情形，则在图 1-23（a）的情形下，C 点压强可以表达为

$$p_C = \rho g H_C + \rho g H \tag{1-8}$$

在图 1-23（b）的情形下，C 点压强可以表达为

$$p_C = \rho g H_C - \rho g H \tag{1-9}$$

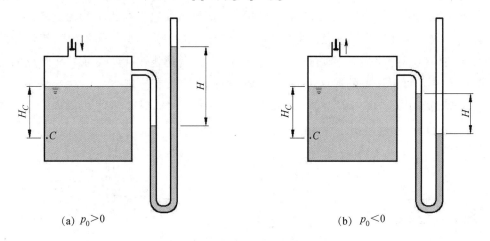

(a) $p_0 > 0$ (b) $p_0 < 0$

图 1-23　U 形管作为测压管的应用

　　如果 U 形管内介质为其他液体，在式（1-8）、式（1-9）中，$\rho g H$ 中的 ρ 也要随之更换。为了测量较大压差，U 形管内介质一般选水银、四氯化碳等密度较大的液体；为了提高测量精度、测量较小压差或满足其他需要，U 形管内介质一般选机油、酒精等密度较小的液体。这些液体和水相比都有局限性，水银不环保，发生外溢不易收集和处理，酒精、四氯化碳等易挥发，机油容易污染桌面，所以使用时都要按照说明和注意事项严格操作。

图 1-24 是测压管测负压或真空度时的情况，如果测压管开口朝上，那么就会吸入大量空气，不仅测量不到测点的压强，而且还会影响系统的稳定性。图 1-24（a）中测点的压强为 $-\rho gh$。这种情况也可以选用 U 形管来测量，参见图 1-23（b）。

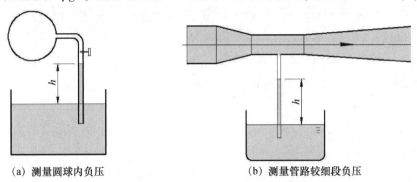

（a）测量圆球内负压   （b）测量管路较细段负压

图 1-24　测压管测负压或真空度时的情况

为了测量更小压差，往往采用倾斜式测压管，如图 1-25 所示。若 h 比较小，直接读数误差就会相对较大，为了消除这个影响，需要采用倾斜式测压管，通过读取斜管水面刻度尺读数 h'，可减小误差。如果倾斜角度 $\alpha = 30°$，则 $h' = 2h$。

C 点压强 p_C 为

$$p_C = \rho gh_0 + \rho gh = \rho gh_0 + \frac{1}{2}\rho gh' \tag{1-10}$$

B 点压强 p_B 为

$$p_B = \rho gh = \frac{1}{2}\rho gh' \tag{1-11}$$

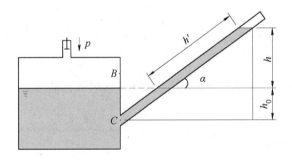

图 1-25　倾斜式测压管

二、比压计

1. 比压计
比压计（压差计）是将多根测压管并排固定于板架上的压力测量仪器，通过液柱高度差反映压力差，顶部通常与大气连通（部分型号配备阀门用于校准）。板架一般有底座，底座可以使测压管直立于选取的基准面上或倾斜于基准面某一角度，其底板一般带水平泡，利于检测底座是否水平。对于选定的任一基准面来说，各管的液面差就是对应测点的测压管水头差。对于最高压强介于比压计玻璃测压管高度以内的，各测压管也可以开放于大气，如图1-26（b）所示。比压计的优点是结构简单、直观、精度和灵敏度较高、造价低廉；缺点是水柱惯性较大，读数响应迟缓，只能用来测量时均压强，不能同步测量随机变化的即时压强。

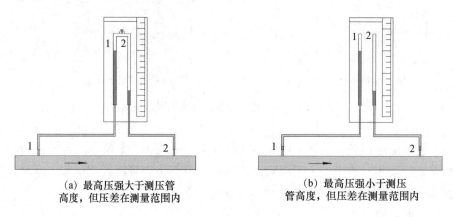

（a）最高压强大于测压管高度，但压差在测量范围内　　（b）最高压强小于测压管高度，但压差在测量范围内

图1-26　比压计测量两点间压差

2. 水头

因为点没有大小，没有面积，即没法用压力单位来表达点的压强。用水柱高度来表达点的压强是非常恰当的，水柱的高度也叫作水头。

（1）位置水头。

位置水头是测点到参考轴的距离。测点在参考轴之上时为正值，测点在参考轴之下为负值。一般用字母 Z_i 表示 i 点的位置水头。

（2）压能水头。

压能水头是测点到测压管液面的距离。测点在测压管液面之下时为正值，测点在测压管液面之上时为负值。一般用 $\frac{p_i}{\rho g}$ 来表达 i 点的压能水头。

（3）速度水头（动压水头）。

点的速度水头为 $\frac{V_i^2}{2g}$，圆管截面的速度水头为 $\frac{V_a^2}{2g}$。其中，V_i 为该点该方向的速度，V_a 为所求截面的平均速度。

（4）测压管水头。

测压管水头用 H_{ipm} 来表示，即

$$H_{ipm} = Z_i + \frac{p_i}{\rho g} \tag{1-12}$$

测压管水头数值是参考线到测压管液面的距离。测压管液面在参考线之上取正值，反之取负值。测量过程中无须知道位置水头和压能水头的数值，一般以比压计测尺零刻度为参考线，直接从刻度尺上读取对应点的测压管水头。

（5）总水头。

一个点的总水头也叫作该点的总能量，由该点的位置水头、压能水头和速度水头三项构成，即

$$H_i = Z_i + \frac{p_i}{\rho g} + \frac{V_i^2}{2g} \qquad (1-13)$$

一个截面的总水头也叫作该截面的总能量，由该截面的位置水头、压能水头和速度水头三项构成，即

$$H_i = Z_i + \frac{p_i}{\rho g} + \frac{V_a^2}{2g} \qquad (1-14)$$

很多流体力学实验书没有对测压管水头进行定义，但是在流体力学实验中测压管水头是一个很重要的概念。它是一个相对量，与参考轴位置选取有关。单一测点测压管水头值大小与参考线位置选取有关，但各测点测压管水头差却与参考线位置选取无关。所以，通过测压管水头也可以了解和比较各测点在系统内的势能分布情况。

以上概念在实验及数据处理过程中经常被用到，要细心领会。对于各参量的物理意义及其正负号，学生应该通过画示意图进行理解。

为了加深对以上概念的理解，我们来判断一下图 1-27 所示的比压计压强差 h_f 是否为对应测点 1—2 间的沿程水头损失。

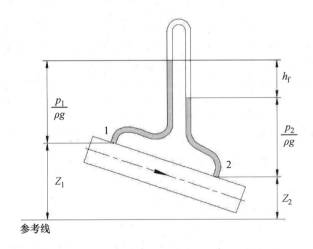

图 1-27　比压计测量管路两点压强差

先进行一般情况的推导。图 1-28 为求水平管沿程水头损失的示意图，对于均匀圆管来说，测点 1 所在截面的总能量减去测点 i 所在截面的总能量是测点 1—i 间的全部能

量损失，包括沿程水头损失和局部水头损失，并且只包含这两项。因为是均匀管，没有边界改变，所以没有局部水头损失，即测点 1—i 间的损失就是沿程水头损失。

图 1-28 中截面 i—i 的总水头为

$$H_i = Z_i + \frac{p_i}{\rho g} + \frac{V_i^2}{2g} \tag{1-15}$$

式中 H_i——截面 i—i 的总水头；

Z_i——点 i 的位置水头；

p_i——点 i 的压能；

V_i——点 i 所在截面的平均流速；

ρ——流体的密度；

g——重力加速度。

那么流段 1—i 的沿程水头损失为

$$h_{f(1-i)} = \left(Z_1 + \frac{p_1}{\rho g} + \frac{V_1^2}{2g} \right) - \left(Z_i + \frac{p_i}{\rho g} + \frac{V_i^2}{2g} \right) \tag{1-16}$$

因为是均匀管，所以 $V_1 = V_i$，则式（1-16）简化为

$$h_{f(1-i)} = \left(Z_1 + \frac{p_1}{\rho g} \right) - \left(Z_i + \frac{p_i}{\rho g} \right) = h_1 - h_2 = \Delta h \tag{1-17}$$

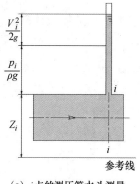

（a）i 点的测压管水头测量

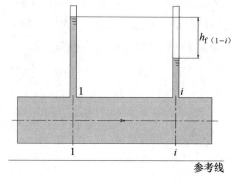

（b）1—i 段的沿程水头损失测量

图 1-28 求水平管沿程水头损失的示意图

由此可见，沿程水头损失体现为压能水头的降低，在数值上等于测点间的测压管水头差。

如图 1-27 所示，测点 1、2 的方向垂直于来流方向，没有速度分量。清楚正确地标注位置水头和压能水头，截面 1 的总水头减去截面 2 的总水头就是测点 1—2 间的总水头损失；根据上面的推导及均匀管速度水头相等，得出测点 1—2 间的总水头损失就是测点 1—2 间的沿程水头损失，同样等于两测点的测压管水头差，所以 h_f 就是测点 1—2 间的沿程水头损失。以上推导表明，均匀管沿程水头损失与倾斜角度无关。

概念清楚，才能判断准确。

3. 多管比压计

为了测量更多的测点压强，或是为了测量更大压差，人们往往采用多管比压计。双管比压计最多可测量两点的压差，并且压差不能太大，否则要增加比压计玻璃管的长度，这将影响比压计的稳定性并给测读等操作带来困难。图 1-29 为使用多管比压计测量管路的多点压强，图 1-30 为使用多管比压计测量文丘里管较大的压差。

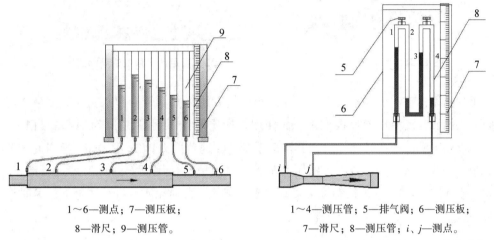

1～6—测点；7—测压板；   1～4—测压管；5—排气阀；6—测压板；
8—滑尺；9—测压管。   7—滑尺；8—测压管；i、j—测点。

图 1-29　使用多管比压计测量管路的多点压强　图 1-30　使用多管比压计测量文丘里管较大的压差

在图 1-30 中，计算多管比压计测量文丘里管入口和喉颈的压差。根据测压管 1～4 的水柱高度依次为 h_1、h_2、h_3、h_4，那么测点 i—j 间的压差为 $\Delta h = h_1 - h_2 + h_3 - h_4$。这里不进行论证。

4. 倾斜式比压计

倾斜式比压计也叫作斜管微压计，倾斜角度一般连续可调（图 1-31），也有固定几个角度的（图 1-32），比如 20°、30°、45°、60°。其用来测量较小压差，双管的倾斜式比压计较为常见。若测量的压差 h 比较小，垂直测压管读数就会很小，误差就会较大。为了消除这个影响，可采用倾斜式比压计，这样可以读取斜管液面刻度尺读数 h′。液柱长度增大，相对误差就会减小。如果倾斜式比压计倾斜角度为 30°，则测读管长度是实际测压管高度的 2 倍。加之倾斜式比压计测压介质选用重度为 0.8 左右的酒精或轻质机油，液柱长度也会比一般水柱长度大很多。倾斜式比压计因为测量压差比较小，测量前一定要校平底座，即底座水平泡居中。其方法是调整底座下面的三个螺栓，排净测压系统内气体，并进行校验。

图 1-31　倾斜式比压计

图 1-32　固定几个角度的倾斜式比压计

所有比压计都需要校平底座。比如短距低速（层流）圆管沿程水头损失测量，使用倾斜式比压计所测压差会很准确，而使用普通比压计所测得的压差的误差会稍大。普朗特毕托管测流速用的比压计，其测速系统的测速范围为 $0.2\sim2.0$ m/s。当流速低于 0.5 m/s 时，总压管和静压管的压差都很小，一般也使用倾斜式比压计进行测量，角度一般选用 $\alpha=30°$，测读精度会提高很多；若使用普通比压计进行测量，低速时误差会很大。

三、压力表

压力表是指以弹性元件为敏感元件，测量并指示高于或低于环境压力的仪表。它的应用极为普遍，几乎遍及所有的工业领域和科研领域，在热力管网、油气传输、供水供气系统、车辆维修保养店等场景中随处可见。尤其在工业过程控制与技术测量过程中，机械式压力表由于其弹性敏感元件具有很高的机械强度及生产方便等特性，因此得到了越来越广泛的应用。

压力表的基本工作原理是弹性元件变形与压力成线性比例关系，有的辅以其他力学模型处理，通过标定转化为真实压力输出。其他力学模型，比如将弹性元件变形通过杠杆输出放大或缩小以适应量程，或将弹性元件变形引导磁性体位移输出电信号等。

1. 压力表分类

（1）压力表按其测量精确度，可分为普通压力表、精密压力表，如图 1-33（a）（b）所示。

（2）压力表按其测量基准，可分为一般压力表、绝对压力表和差压表。一般压力表以大气压力为测量基准，绝对压力表以绝对压力零位为测量基准，差压表测量两个被测目标物的压力之差。

（3）压力表按其测量范围，可分为真空表、压力真空表、微压表、低压表、中压表及高压表。

真空表用于测量小于大气压力的压力值；压力真空表用于测量小于和大于大气压力的压力值；微压表用于测量小于 60 kPa 的压力值；低压表用于测量 0～6 MPa 的压力值；中压表用于测量 10～60 MPa 的压力值。

（4）压力表按其显示方式，可分为指针压力表、数字压力表 ［图 1-33 (c)］。指针压力表包括普通压力表、真空压力表、耐震压力表、不锈钢压力表等，都属于就地指示型压力表，除指示压力外无其他控制功能。数字压力表包括带电信号控制型压力表，输出信号主要有开关信号（如电接点压力表）、电阻信号（如电阻远传压力表）、电流信号（如电感压力变送器、远传压力表、压力变送器等）。

（5）压力表按测量介质特性不同，可分为以下几种。

① 一般型压力表：用于测量无爆炸、不结晶、不凝固，以及对铜和铜合金无腐蚀作用的液体、气体或蒸汽的压力。

② 耐腐蚀型压力表：用于测量腐蚀性介质的压力，常用的有不锈钢压力表、隔膜压力表等。

③ 防爆型压力表：用于环境中有爆炸性混合物的危险场所，如防爆电接点压力表、防爆变送器等。

④ 其他专用型压力表。

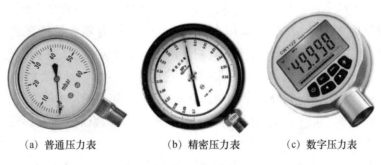

(a) 普通压力表　　　　　(b) 精密压力表　　　　　(c) 数字压力表

图 1-33　压力表

2. 压力表的压力说明

（1）一般以标准大气压为基准零分为正压与负压。

以普通压力表为例，压力大于大气压时，表显示为正压；压力低于大气压时，表显示为负压。

（2）压力的表示方法。

压力有两种表示方法：一种是以绝对真空作为基准零所表示的压力，称为绝对压力；另一种是以标准大气压作为基准零所表示的压力，称为相对压力。由于大多数测压仪表所测得的压力是相对压力，故相对压力也称为表压力。当绝对压力小于大气压力时，可用一个大气压力与容器内的绝对压力的差值来表示，称为"真空度"。它们的关系如下：

$$绝对压力 = 大气压力 + 相对压力$$
$$真空度 = 大气压力 - 绝对压力$$

国际单位制（SI）的基本压力单位为 Pa，称为帕斯卡，简称帕。由于此单位很小，因此常采用它的 10^6 倍单位 MPa（兆帕）。

3. 压力表的选用原则

压力表的选用应根据工艺生产要求，针对具体情况做具体分析。在满足工艺生产要求的前提下，应本着节约的原则全面综合地考虑，一般应考虑以下方面的问题：

（1）类型的选用。

仪表类型的选用必须满足工艺生产的要求，例如是否需要远传、自动记录或报警，被测介质的性质（如被测介质的温度、黏度、腐蚀性、脏污度、易燃易爆性等）是否对仪表提出特殊要求，现场环境条件（如湿度、温度、磁场强度、振动等）对仪表类型的要求等。因此根据工艺要求正确地选用仪表类型是确保仪表正常工作及安全生产的重要前提。

（2）测量范围的确定。

为了确保弹性元件能在弹性变形的安全范围内可靠地工作，在选择压力表量程时，必须根据被测压力的大小和压力变化的快慢，留有余量，因此，压力表的上限值应该高于工艺生产中可能的最大压力值。在测量稳定压力时，最大工作压力不应超过压力表上限值的 2/3；在测量脉动压力时，最大工作压力不应超过压力表上限值的 1/2；在测量高压时，最大工作压力不应超过压力表上限值的 3/5。一般被测压力的最小值应不低于压力表上限值的 1/3，从而确保仪表的输出量与输入量之间的线性关系。

根据被测参数的最大值和最小值计算出压力表的上、下限后，不能以此数值直接作为压力表的测量范围。我们在选用压力表的上限值时，应在国家规定的标准系列中选取。

（3）精度等级的选取。

根据工艺生产允许的最大绝对误差和选定的仪表量程，计算出仪表允许的最大引用误差，在国家规定的精度等级中确定仪表的精度。一般来说，所选用的仪表精度越高，则测量结果越精确、可靠。但不能认为所选用的仪表精度越高越好，因为精度越高的仪表价格越贵，操作和维护越不方便。

在流体力学中，我们并不严格区分压强与压力的概念，很多时候压力指的就是压强，压力往往也用压强的单位表示，请同学们根据具体情况进行选用。

4. 高程、标高和海拔高度

（1）高程。

某点沿铅垂线方向到绝对基面的距离，称为绝对高程。我们平常所说的高程，一般指绝对高程。绝对基面一般指以青岛附近黄海海平面的高程定为零点的水准基面。

另外，某点沿铅垂线方向到某假定水准基面的距离，称为假定高程，一般不使用。

（2）标高。

建筑物某一部位相对于基准面的竖向高度称为标高。若以建筑物室内首层主要地面为基准面进行测量，则所得的标高为相对标高。我们平常所说的标高，一般指相对标高。

绝对标高以青岛附近黄海海平面作为基准面，不常使用。

（3）海拔高度。

我国以青岛附近黄海海平面作为基准面，某地与该基准面的垂直高度差，就是海拔高度，也称为绝对高度。

由于高程、标高和海拔高度意义相近，在某些方面甚至没有区别，因此使用时要特别注意。我们要掌握绝对高程、海拔高度和相对标高的概念。

第七节　流速的测量

在流体力学实验中，流速是进行理论分析的基础，也是验证理论的重要参量，因此如何正确地测定流场中的流速是十分重要的。根据流动的具体条件，我们采用不同的测量方法。常用的测量流速的方法有表面浮子法、浮粒子法、毕托管法、螺旋桨式流速仪法和激光测速法等。流速是矢量，既有大小又有方向，但在本科生流体力学基础实验中，往往测量的是给定方向的速度值。

一、圆管平均流速测量方法

在某个固定的时间段内，将流经管道的水引入体积经过率定的容器中，用体积增加量除以对应时长即可得到单位时间内的流量。对于小流量，可以用水桶秒表方法测量。具体方法是：打开阀门至某一开度，在开始接水的同时按下秒表，在将水桶撤离接水口的同时按停秒表。用电子秤测量出水的净重，以克（g）为单位。常态下，1 g水的体积是 1 cm^3，据此可以计算出所测水的体积，再用体积除以秒表上对应时间间隔，就可以得出流经管路的体积流量。接水（停止接水）与按秒表的同步情况关乎测量精度。适当延长测量间隔可以提高测量精度。管路流量测定后，用流量除以圆管的横截面积就是圆管内的平均流速。这也是学生基础实验最常用的圆管平均流速测量方法。

$$\overline{V} = \frac{Q}{S} \qquad (1-18)$$

式中　$\overline{V}$——圆管内的平均流速，单位为 m/s；

　　　Q——圆管内的平均流量，单位为 m^3/s；

　　　S——圆管的横截面积，单位为 m^2。

二、表面浮子法

将质量较小的小纸片或小软木块、小塑料块、蜡块等放在水流中，由于其密度小于水，因此它们会随水漂浮。如果每间隔一定时间，测记它们的位置或拍摄它们的运动轨迹，即可计算出浮子所经过的测点的水流流速。

三、浮粒子法

测量水流内部各点的流速时，可在水中放入比重为 1.0 的带色小液滴（流速较慢时）或固体颗粒（流速较快时），然后从不同角度对水流进行拍摄，再对底片进行分析计算，即可得出流场内的流速分布情况。对于浮粒子的选取，当流速较慢时，可采用由四氯化碳、氯苯、甲苯、二甲苯及苯等适量混合后加入染色剂配制而成的浮粒子；当流速较快时，可采用在沥青中加入适量松香、石蜡加热混合制成（粒子直径要小于 1 mm）的浮粒子。

四、毕托管法

毕托管是实验室内测量时均点流速常用的仪器。它于 1730 年由亨利·毕托首创，后经 200 多年的改进，目前已有几十种形式。它的基本原理是依据平面势流理论，得出流速与压强的关系，通过测得的压强差，计算出流速值。具体使用方法将在"毕托管测速实验"中详细讲述。毕托管测流速系统如图 1-34 所示。

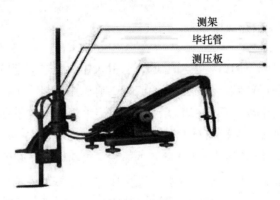

图 1-34　毕托管测流速系统

五、螺旋桨式流速仪法

螺旋桨式流速仪有一组可旋转的叶片，受水流冲击时，叶片旋转的转数与水流流速有着固定的关系，设法测定叶片旋转的转数，即可求得所测流速。根据测定转数的方式，螺旋桨式流速仪分为电阻式、电感式和光电式三种。螺旋桨式流速仪如图 1-35 所示。

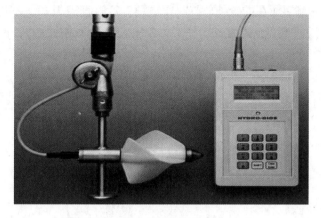

图 1-35 螺旋桨式流速仪

六、激光测速法

激光测速法是以激光器发出的光为光源，以光学多普勒效应为原理的测量随流运动质点速度的方法。其最大优点是非接触测量，不扰动流场，并且测速范围大、频响快、空间分辨率高、测量精准，因此在高精度测量中广泛应用。

第八节 液体流量的测量

流体运行系统中布设了大量的流量计，有的是用于测流量，有的则是因为控制需要而布设。本节介绍管路流量的测量和明渠流量的测量。流量的测量一般选用体积流量，即单位时间内的液体体积。

一、管路流量的测量

1. 直接测量法

在某个固定的时间段内，将流经管道或渠槽的水引入体积经过率定的容器中，用体积增加量除以对应时长即可得到单位时间内的体积。一般对于小流量，参照"圆管平均流速测量方法"直接测量即可。

2. 文丘里流量计

文丘里流量计属于最经典的流量计之一，具有压能水头损失小，测量范围宽，精度高的特点，广泛用于工农业各个方面。

文丘里管横截面为圆形，图 1-36 所示是文丘里管纵剖面示意图，入口处点 1 所在管路内直径为 d_1，点 2 所在的较细部位叫作喉颈，其内直径为 d_2，不计 1、2 两点间的能量损失。列出 1、2 两点所在截面的能量方程和 1、2 两点所在截面的连续方程并联立。

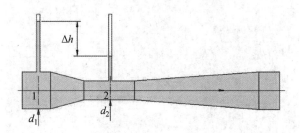

图 1-36 文丘里管纵剖面示意图

$$Z_1 + \frac{p_1}{\rho g} + \frac{V_1^2}{2g} = Z_2 + \frac{p_2}{\rho g} + \frac{V_2^2}{2g} \qquad (1-19)$$

$$A_1 V_1 = A_2 V_2 = Q' \qquad (1-20)$$

即

$$\frac{1}{4}\pi d_1^2 V_1 = \frac{1}{4}\pi d_2^2 V_2 \qquad (1-21)$$

联立式 (1-19) 至式 (1-21)，得：

$$Q' = \frac{\pi d_1^2}{4\sqrt{(d_1/d_2)^4 - 1}} \sqrt{2g\left[\left(Z_1 + \frac{p_1}{\rho g}\right) - \left(Z_2 + \frac{p_2}{\rho g}\right)\right]}$$

$$= K\sqrt{\Delta h}$$

$$K = \frac{\pi d_1^2 \sqrt{2g}}{4\sqrt{(d_1/d_2)^4 - 1}}$$

$$\Delta h = \left(Z_1 + \frac{p_1}{\rho g}\right) - \left(Z_2 + \frac{p_2}{\rho g}\right) = h_1 - h_2 \qquad (1-22)$$

式中，Δh 为两测点间测压管水头之差。实际上，由于 1、2 两点间流动阻力的存在，通过两点间的实际流量 Q 恒小于理论流量 Q'。今引入一无量纲系数 $\mu = Q/Q'$（μ 被称为流量系数），对计算所得的流量值进行修正。

实际工程产品都已经标定修正好了，根据仪表可直接读出流量。图 1-37 中均压环的作用是取截面的平均压力，它在每个截面均取 4 个测点连通到均压环上。

图 1-37 文丘里流量计

3. 孔板流量计

如果在充满流体的管道中固定放置一个流通面

积小于管道横截面积的节流件，则管内流体
在通过该节流件时就会局部收缩，流速增加，
静压力降低。因此，在节流件前后将产生一
定的压差。实践证明，对于一定形状和尺寸
的节流件，在一定的流体参数情况下，节流
件前后的压差 Δp 与流量 Q 之间有一定的函数
关系。因此，可以通过测量节流件前后的压
差来测量流量。图 1-38 所示为孔板流量计原
理图，孔板流量计也是工程上广泛使用的流

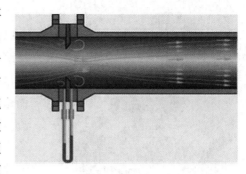

图 1-38　孔板流量计原理图

量计。同学们可以通过互联网了解更多关于孔板流量计的知识。

4. 浮子流量计

浮子流量计也是工程上常见的流量计，常被称作转子流量计，与其他流量计不同
的是，浮子作为流量感知元件，不是被固定住的，而是浮动于被测流体中。

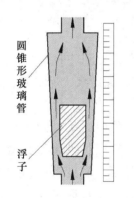

圆锥形玻璃管

浮子

图 1-39　浮子流量计的结构
及原理图

浮子流量计的结构及原理图如图 1-39 所示。浮子流
量计是一根垂直且内径向上扩大的圆锥形透明玻璃管，管
内放置由密度较大的材料加工而成的浮子。当液流自下而
上地流过浮子和圆锥形透明玻璃管之间的环形缝隙时，由
于浮子的节流作用，在浮子的上、下两边产生压差，这个
压差使浮子受到向上作用力而沿管轴线上升，随着浮子上
升，浮子和圆锥形透明玻璃管之间的环形面积也随之增
大，流经浮子侧面的液流速度也就降低了，进而浮子上、
下两边的压差也降低，浮子位置就会下降，直到浮子上、
下两边的压差和浮子的重力相等，浮子稳定地悬停于液流
某一位置上。流量越大，浮子悬停位置越高，因此浮子所
处平衡位置的高低可以作为测量流量的尺度。浮子流量计就是根据上述原理制作的。
可以在透明的玻璃管外面看到浮子在圆锥形透明玻璃管内平衡的位置，结合玻璃管外
面的刻度尺，就能确定出管内实际流量。由于管内流不一定是绝对恒定流，所以浮子
平衡位置上下略微波动，可以取读数的平均数。

5. 电磁流量计

（1）电磁流量计的概念。

电磁流量计是利用法拉第电磁感应定律制成的一种测量导电液体体积流量的仪
表。20 世纪 50 年代初，电磁流量计实现了产业化应用；20 世纪 70 年代后期，电
磁流量计广泛采用键控低频矩形波励磁技术，逐渐替换早期应用的工频交流励磁技
术，仪表机能有了很大进步，得到更为广泛的应用。近年来，电磁流量计发展速度
较快。目前，大口径电磁流量计较多应用于给排水工程，中小口径电磁流量计常用

图 1-40　工业用电磁流量计

于固液二相流体或高要求场所，如测量造纸产业的纸浆液和黑液、有色冶金业的矿浆、选煤厂的煤浆、化学产业的强侵蚀液，以及钢铁产业高炉风口冷却水的控制和监漏，长间隔管道煤的水力输送的流量测量和控制。小口径、微小口径电磁流量计则常用于医药产业、食物产业、生物工程等有卫生要求的场所。工业用电磁流量计如图1-40 所示。

（2）原理与结构。

电磁流量计是依据法拉第电磁感应定律工作的，当导电流体在磁场中流动时，会在管道两侧的电极上产生感应电势，感应电势的大小与流体速度成正比。通过测量感应电势，可以计算出流体的流量。电磁流量计主要由磁路系统、测量系统、电极及能量转换器等组成。

（3）电磁流量计的优缺点。

① 电磁流量计的优点。电磁流量计的测量通道是一段无阻流检测件的光滑直管，因不易梗阻，适于测量含有固体颗粒或纤维的固液二相流体，如纸浆、煤水浆、矿浆、泥浆和污水等。

电磁流量计不产生因检测流量所形成的压力损失，仪表的阻力仅是同一长度管道的沿程阻力，节能效果明显，对于要求低阻力损失的大管径供水管道测量最为适合。电磁流量计所测得的体积流量，不受流体密度、黏度、温度、压力和电导率（只要在某阈值以上即可）变化的影响。与其他大部分流量仪表相比，对前置直管段要求较低。

电磁流量计测量范围大，通常为 20∶1～50∶1，可选流量范围宽。满度值液体流速可在 0.5～10 m/s 内选定。电磁流量计的口径范围比其他类型流量仪表宽，从几毫米到 3 m。电磁流量计可测正反双向流量，也可测脉动流量，但需满足脉动频率显著低于激磁频率的条件。仪表输出本质上是线性的。

易于选择与流体接触件的材料，可应用于侵蚀性流体。

② 电磁流量计的缺点。电磁流量计不能测量电导率很低的液体，如石油制品和有机溶剂等；不能测量气体、蒸汽和含有较多较大气泡的液体。

通用型电磁流量计因为衬里材料和电气绝缘材料限制，不能用于测量温度高于 200 ℃的液体，也不能用于测量温度低于 50 ℃的液体，因为在低温下测量管外易凝露（或霜）而破坏绝缘。

6. 管路中其他流量计

管路中其他流量计包括喷嘴量水计、弯管量水计、涡轮流量计、毕托管流量计、楔形流量计和超声式流量计等。

二、明渠流量的测量

量水堰测流量是将量水堰板置于明渠水槽中，使水流在堰板处发生收缩，并在上游形成壅水现象，测量堰板上游某处的水头高度 H，利用该堰上水头与过堰流量 Q 之间的特定关系求得流量，其主要有三角形薄壁堰量水法和矩形薄壁堰量水法。安装时，堰板与水流轴线垂直，堰身中线与水流轴线重合，缘面倾角朝向下游。堰板水舌下通气必须充分，以免产生负压贴流等不稳定现象。薄壁堰有较好的精度，下面分别介绍。

1. 三角形薄壁堰量水法

三角形薄壁堰是堰口形状为等腰三角形的薄壁堰，如图 1-41 所示。当明渠流量较小时，如果使用矩形堰或全宽堰测量流量，则上下游的液位差很小，这会使得测量误差增大，为了使测量结果更加准确，可以使用三角形堰。大部分三角形薄壁堰是直角三角形的。

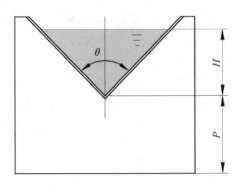

图 1-41　三角形薄壁堰

如图 1-41 所示，三角形薄壁堰是利用不同夹角缺口来量测较小流量的，其流量公式为

$$Q = 1.343 H^{2.47} \begin{cases} H + P \geqslant 3H \\ b > 5H \\ H = 0.06 \sim 0.65 \text{ m} \end{cases} \tag{1-23}$$

式中　Q——过堰流量，单位为 m^3/s；

H——堰顶水头，为堰板上游 $(3 \sim 5) H$ 处的堰上水头，单位为 m；

b——上游渠道的宽度，单位为 m；

P——堰板高度，单位为 m。

当测量更小的流量时，可采用堰口角度 θ 小于 90° 的三角形薄壁堰，使堰上水头

不至于太小，以提高测量精度。应用渡边公式，其流量为

$$Q = CH^{\frac{5}{2}} \quad (\text{m}^3/\text{s}) \tag{1-24}$$

$$C = 2.361\tan\frac{\theta}{2}\left[0.553 + 0.0195\tan\frac{\theta}{2} + \cot\frac{\theta}{2}\left(0.005 + \frac{0.001005}{H}\right)\right] \tag{1-25}$$

对于 $\theta = 60\ ℃$

$$C = 1.363\left(0.5730 + \frac{0.001055}{H}\right) \tag{1-26}$$

对于 $\theta = 30\ ℃$

$$C = 0.6326\left(0.5769 + \frac{0.00394}{H}\right) \tag{1-27}$$

2. 矩形薄壁堰量水法

矩形薄壁堰也称为全宽堰，如图 1-42 所示。堰板过流宽度 b 与堰箱同宽。其流量公式为

$$Q = m_0 b\sqrt{2g}H^{\frac{3}{2}} \quad (\text{m}^3/\text{s}) \tag{1-28}$$

式中 H——堰上水头，单位为 m；

m_0——薄壁堰流量系数，需要通过率定实验来确定，不过，现已有不少经验公式可供选用。如雷柏克系数公式为

$$m_0 = \frac{2}{3}\left(0.605 + \frac{0.001}{H} + 0.08\frac{H}{P}\right) \tag{1-29}$$

式中，P 为堰板高度，P 与 H 的单位均以 m 计。该式适用于 $H \geqslant 0.025$ m，$H/P \leqslant 2$，$P > 0.3$ 的情况。

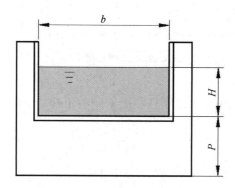

图 1-42 矩形薄壁堰

第九节　温度的测量

温度是表示物体冷热程度的物理量，在流体力学实验测量及计算中经常用到。温度的数值表示法叫作温标。热力学温标的国际单位是开尔文，简称开，符号是 K。在国际上较常用的还有摄氏温标（℃）。热力学温度（T）与摄氏温度（t）的转换关系为 $T = t + 273.15$ K，即

$$0\ ℃ = 273.15\ K,\ 100\ ℃ = 373.15\ K$$

摄氏温度定义：在标准大气压下冰水混合物的温度定为 0 ℃，沸水的温度定为 100 ℃，0 ℃ 和 100 ℃ 中间分为 100 个等份，每个等份代表 1 ℃。

温度用温度计测量，常用的温度计有膨胀式温度计、电阻式温度计、热电偶温度计和数字温度计。

一、膨胀式温度计

该温度计的测温是基于物体受热时产生膨胀的原理，可分为液体膨胀式温度计（图 1-43）和固体膨胀式温度计（图 1-44）两种。我们最常用的双金属温度计就属于固体膨胀式温度计。

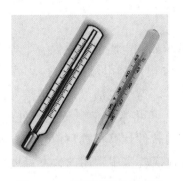

图 1-43　液体膨胀式温度计

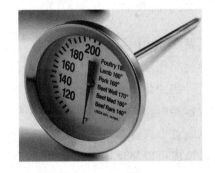

图 1-44　固体膨胀式温度计

二、电阻式温度计

电阻式温度计是根据电阻随温度变化的特性所制成的温度计。电阻材料大多选用铂，经常被称为铂电阻温度计。铂电阻温度计是目前最精确的温度计，温度覆盖范围为 -259.15 ~ 629.85 ℃，其误差可低至 0.0001 ℃，它是能复现国际实用温标的基准温度计。我国还用一等和二等标准铂电阻温度计来传递温标，用它作为标准来检定水银温度计和其他类型的温度计。电阻式温度计分为金属电阻温度计和半导体电阻温度

计。金属电阻温度计主要用铂、金、铜、镍等纯金属及铑铁合金、磷青铜合金制成；半导体电阻温度计主要用碳、锗等制成。电阻温度计使用方便可靠，已被广泛应用于各个领域。

三、热电偶温度计

在由电子密度不同的两种导体构成的闭合回路中，如果两个导体接头处的温度不同，回路中就会产生电流，这种现象称为热电现象，相应的电动势称为温差电势或热电势。热电势与温度有一定的函数关系，利用此关系就可计算出温度。利用热电偶把温度信号转换成热电势信号，再通过电气仪表转换成被测介质的温度数值。热电偶温度计原理图及实物如图 1-45 所示。

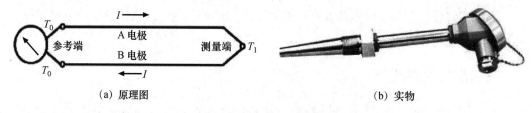

(a) 原理图　　　　　　　　　　　　(b) 实物

图 1-45　热电偶温度计原理图及实物

四、数字温度计

数字温度计采用温度敏感元件即温度传感器（如铂电阻、热电偶、半导体、热敏电阻等）将温度的变化转换成电信号的变化（如电压和电流的变化）。温度的变化和电信号的变化呈现一定的关系，如线性关系等。这个电信号是模拟信号，可以使用模数转换电路将此模拟信号转换为数字信号，再将数字信号传送给处理单元，如单片机或者个人计算机等，处理单元经过内部的软件计算将数字信号和温度联系起来，转换成可以显示出来的温度数值。目前流体实验室中常用的数字温度计如图 1-46 所示。

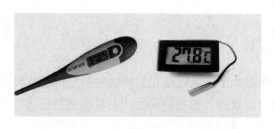

图 1-46　数字温度计

五、酒精温度计的正确使用方法

酒精温度计的正确使用方法如图 1-47（b）所示。将温度计插入液体至适当深度，稳固拿好，视线与刻度平齐以准确读取数值，切不可在将温度计从液体中取出后再读取刻度值，因为酒精温度计的读数会随环境温度的变化而变化，它与体温计不一样。

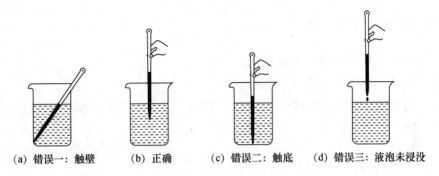

(a) 错误一：触壁　　(b) 正确　　(c) 错误二：触底　　(d) 错误三：液泡未浸没

图 1-47　酒精温度计的使用方法

第二章　流体静力学实验

一、实验目的与要求

1. 掌握用测压管测量流体静压强的技能。
2. 验证不可压缩流体静力学基本方程。
3. 通过对流体静力学现象的实验分析，进一步提高解决流体静力学实际问题的能力。
4. 测定油的相对密度。

二、实验装置

图 2-1 所示为流体静力学实验装置。

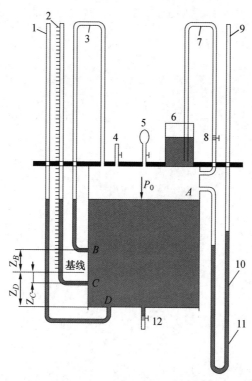

1—测压管；2—带标尺测压管；3—连通管；4—通气阀；5—加压打气球；6—墨水杯；7—真空测压管；
8—截止阀；9—U 形测压管；10—油柱；11—水柱；12—减压放水阀；A、B、C、D—测点。

图 2-1　流体静力学实验装置

说明:

(1) 所有测压管液面标高均以带标尺测压管 2 的零读数为基准。

(2) 仪器铭牌所注 ∇_B、∇_C、∇_D 是测点 B、C、D 的标高;若同时取标尺零点作为静力学基本方程的参考线基准,则 ∇_B、∇_C、∇_D 亦为 Z_B、Z_C、Z_D。

(3) 本仪器中所有阀门旋柄顺着管轴线方向即为开启状态。

三、实验原理

1. 在重力作用下不可压缩流体静力学基本方程

同一静止流体内部任意一点的位置水头与压能水头之和恒等于常数。

$$z + \frac{p}{\rho g} = C \tag{2-1}$$

或

$$p = p_0 + \rho g h \tag{2-2}$$

式中　z——被测点在基准面以上的位置高度;

　　　p——被测点的静压强,用相对压强表示,下同;

　　　p_0——水箱中液面的表面压强;

　　　ρ——液体密度;

　　　h——被测点在液体中的深度;

　　　C——常数。

2. 油密度测量

(1) 油密度测量方法 1。

测油的密度 ρ_o,最简单的方法是利用 U 形管,一端注入水,另一端注入要测密度的油,如图 2-2 所示。利用等压面压力相等原理,列出 U 形管等压面以上两端液柱压强平衡方程,进而求出油的密度。本实验可以打开通气阀 4,这样元件 9 就成为一个 U 形管。列出方程式

$$\rho_w g h_1 = \rho_o g H \tag{2-3}$$

$$\rho_o = \frac{h_1}{H}\rho_w \tag{2-4}$$

式中　ρ_w——水的密度;

　　　h_1——水柱的高度;

　　　ρ_o——油的密度;

　　　H——油柱的高度。

已知水的密度,进而可以求出油的密度。该方法需要刻度尺或游标卡尺。不需要测尺的方法见油密度测量方法 2。

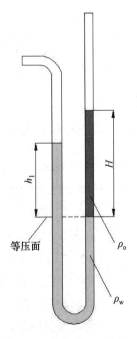

图 2-2　油密度测量方法 1

（2）油密度测量方法2。

不用其他测尺，只用实验装置中的带标尺测压管2的标尺也能测出油的密度。先用加压打气球5打气加压使U形测压管9中的水面和油水交界面齐平，如图2-3（a）所示，则有

$$p_{01} = \rho_w g h_1 = \rho_o g H \qquad (2-5)$$

再打开减压放水阀12降压，使U形测压管9中的水面与油面齐平，如图2-3（b）所示，则有

$$p_{02} = -\rho_w g h_2 = \rho_o g H - \rho_w g H \qquad (2-6)$$

联立式（2-5）和式（2-6），化简得到

$$\rho_o = \frac{h_1}{h_1 + h_2} \rho_w \qquad (2-7)$$

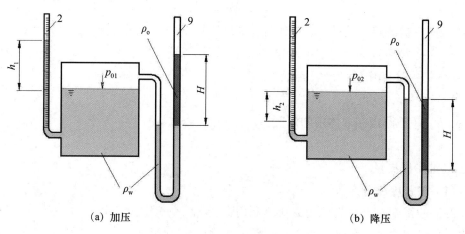

（a）加压　　　　　　　　　　　　　　　（b）降压

图2-3　油密度测量方法2

四、实验方法与步骤

1. 仪器组成及其用法。

（1）掌握各阀门的开关方法。

（2）加压方法。关闭所有阀门（包括截止阀8），然后用加压打气球5充气。

（3）减压方法。关闭所有阀门，开启筒底减压放水阀12放水。

（4）检查仪器是否密封，加压后检查测压管1、2、9液面高程是否恒定。若下降，表明测压管漏气，应查明原因并加以处理。

2. 将仪器各常数及实验数据记入表2-1和表2-2。

3. 量测点静压强。

（1）打开通气阀4（此时 $p_0 = 0$），记录水箱液面标高 ∇_0 和带标尺测压管2液面标

高 ∇_H（此时 $\nabla_0 = \nabla_H$）。

（2）关闭通气阀 4 及截止阀 8，加压使 $p_0 > 0$，测计 2 组 ∇_0 及 ∇_H。

（3）关闭通气阀 4 及截止阀 8，打开放水阀 12，使 $p_0 < 0$（要求其中一次 $\frac{p_B}{\gamma} < 0$，即 $\nabla_H < \nabla_B$），测记 3 组 ∇_0 及 ∇_H。

表 2-1　流体静压强测量记录计算

测量条件	次序	水箱液面 ∇_0/ 10^{-2} m	测压管液面 ∇_H/ 10^{-2} m	压强水头				测压管水头	
				$\left(\frac{p_A}{\rho g} = \nabla_H - \nabla_0\right)$/ 10^{-2} m	$\left(\frac{p_B}{\rho g} = \nabla_H - \nabla_B\right)$/ 10^{-2} m	$\left(\frac{p_C}{\rho g} = \nabla_H - \nabla_C\right)$/ 10^{-2} m	$\left(\frac{p_D}{\rho g} = \nabla_H - \nabla_D\right)$/ 10^{-2} m	$\left(Z_C + \frac{p_C}{\rho g}\right)$/ 10^{-2} m	$\left(Z_D + \frac{p_D}{\rho g}\right)$/ 10^{-2} m
$p_0 = 0$	1								
$p_0 > 0$	1								
	2								
$p_0 < 0$	1								
	2								
	3								

表 2-2　油比重测定记录计算

测量条件	次序	水箱液面 ∇_0/ 10^{-2} m	测压管液面 ∇_H/ 10^{-2} m	$(h_1 = \nabla_H - \nabla_0)$/ 10^{-2} m	$\overline{h_1}$/ 10^{-2} m	$(h_2 = \nabla_0 - \nabla_H)$/ 10^{-2} m	$\overline{h_2}$/ 10^{-2} m	$\frac{\rho_o}{\rho_w} = \frac{\overline{h_1}}{\overline{h_1} + \overline{h_2}}$
$p_0 > 0$，且 U 形管中水面与油水交界面齐平	1							
	2							
	3							
$p_0 < 0$，且 U 形管中水面与油面齐平	1							
	2							
	3							

4. 测出真空测压管 7 插入小水杯水中的深度。

5. 用实验原理中的油密度测量方法 2 测定油密度 ρ_o。

（1）开启通气阀 4，测记 ∇_0。

（2）关闭通气阀 4，打气加压（$p_0 > 0$），微调放气螺母使 U 形管中水面与油水交界面齐平 [图 2-3（a）]，测记 3 组 ∇_0 及 ∇_H。

（3）打开通气阀，待液面稳定后，关闭所有阀门；然后开启减压放水阀 12，降压，使 $p_0 < 0$，使 U 形管中的水面与油面齐平 [图 2-3（b）]，测记 3 组 ∇_0 及 ∇_H。

五、实验结果与要求

（1）记录有关常数。

实验装置台号 No. _____

各测点的标尺读数为：∇_B = ____ cm，∇_C = ____ cm，∇_D = ____ cm。

（2）分别求出各次测量时 A、B、C、D 点的压力，并选择一基准检验同一静止液体内的任意两点 C、D 的 $\left(z + \dfrac{p}{\gamma} \right)$ 是否为常数。

（3）求出油的密度：ρ_o = ____ kg/m³。

（4）测出真空测压管 7 插入小水杯水中的深度 Δh_7 = ____ cm。

六、实验分析与讨论

（1）同一静止液体内的测压管水头线是什么线？

（2）当 $p_B < 0$ 时，试根据记录数据确定水箱内的真空区域。

（3）结合图 2-4 说明可调流量饮水机的工作原理（这是变液位下的恒定流的一个应用，液位水头变化是假象，恒定流一定是恒定水头作用的结果），指出决定恒定流大小的恒定水头的数值。

（4）分析图 2-5 下端开口式鱼缸的工作原理，利用课余时间制做一个类似的鱼缸，分析水不外溢的原因。

（5）分析相对压强与绝对压强、相对压强与真空度之间的关系。

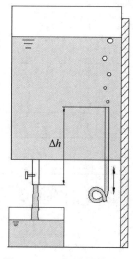

图 2-4　可调流量饮水机

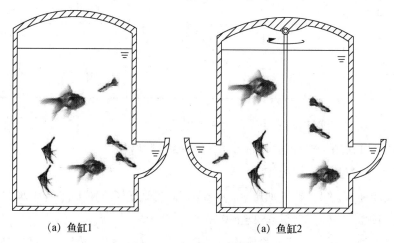

(a) 鱼缸1　　　　　(a) 鱼缸2

图 2-5　下端开口式鱼缸

相关阅读：

1. 与流体静力学相关的几个概念

（1）位置水头

位置水头是测点到参考轴的距离，测点在参考轴之上时为正值，测点在参考轴之下时为负值。位置水头是一个相对量，与参考线位置选取有关。一般选取水平线作为参考线。空间点比较就选取水平面做参照面。

（2）压能水头

压能水头是测点到测压管液面的距离，测点在测压管液面之下时为正值，测点在测压管液面之上时为负值。测点压能水头可正、可负、可零。参见图 2-6。

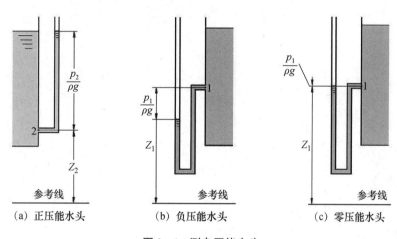

（a）正压能水头　　　（b）负压能水头　　　（c）零压能水头

图 2-6　测点压能水头

（3）测压管水头

位置水头与压能水头之和就是测压管水头。测压管水头是流体力学实验非常重要的概念，它也是一个相对量，与参考线位置选取有关。

2. 表压、绝对压力、真空度

（1）表压指的是管道、有压腔体等的压力，是用压力表、U 形管等仪器测量出来的压力，又叫作相对压力。表压以大气压力为起点零，符号为 p_g。

（2）直接作用于容器或物体表面的压力，称为绝对压力或绝压。绝对压力值以绝对真空作为起点零，符号为 p_{abs}。

（3）绝对压力是指表压与大气压力 [一般取 1 标准大气压（101.3 kPa）即可] 之和。

绝对压力 = 表压 + 大气压力。

表压 = 绝对压力 − 大气压力。

真空度 = 大气压力 − 绝对压力。

以绝对真空为基准测得的压力为绝对压力，以大气压力为基准测得的压力为表压或真空度。压力后面带 G 表示表压，带 A 表示绝对压力。

表压指的是系统上压力表的压力指示。也可以简单地理解为，把一个压力表放在大气压下，这时压力表显示为零。将压力表接到被测点上，如果压力表数值上升，上升的数值就是表压。

第三章　伯努利能量方程实验

一、实验目的与要求

1. 验证流体恒定总流的能量方程。

2. 通过对动水力学诸多水力现象的实验分析，进一步掌握有压管流中动水力学的能量转换特性。

3. 掌握流速、流量、压强等动水力学水力要素的测量技能。

二、实验装置

伯努利能量方程实验装置如图 3-1 所示。

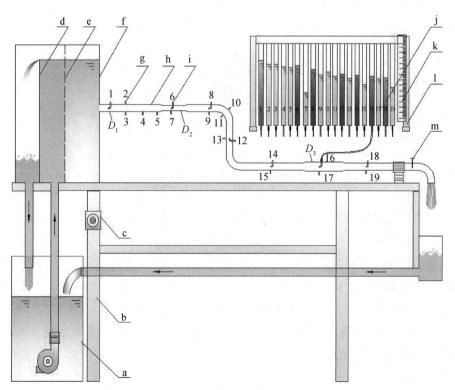

a—自循环供水器；b—实验台；c—无级调速器；d—溢流板；e—稳水孔板；f—恒压水箱；g—静压测点；
h—实验管道；i—总压测点；j—测压管；k—滑尺；l—测压板；m—阀门；1 ～19—测压管。

图 3-1　伯努利能量方程实验装置

伯努利能量方程实验装置主要由实验平台、实验管路系统和测压板三部分构成。实验平台为管路系统提供溢流式恒定水头，由自循环供水器、恒压水箱、溢流板、实验台、回水管路、接水匣、水泵、开关等构成。实验管路系统由三种不同管径的圆管连接组成，材质为透明有机玻璃，直径分别为 D_1、D_2、D_3，连接处光顺过渡，D_1、D_2、D_3 标示于恒压水箱正面。测压板由支撑板架、19 根测压管（编号依次为 1～19）和滑尺组成。

1. 测压管测点

如图 3-2 所示，测压管测点也叫作静压测点，出口方向是该点的法线方向，此点没有速度分量，用以测量有压管道和有压腔体内的静压水头。注意：90°弯管的法线方向是45°线。在本实验装置中，测点 10、11 就是静压测点。

2. 毕托管测点

如图 3-3 所示，毕托管测点也叫作动压测点或总压测点，用以测读毕托管探头对准点的总水头 $H'\left(H' = Z + \dfrac{p}{\rho g} + \dfrac{V_p^2}{2g}\right)$。应注意，一般情况下 H' 与断面总水头 $H\left(H = Z + \dfrac{p}{\rho g} + \dfrac{V_a^2}{2g}\right)$ 不同（因为一般 $V_p \neq V_a$），它的水头线只能定性表示圆管总水头变化的趋势。

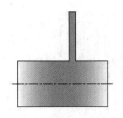
（a）直圆管段测压管测点

（b）圆弧管段测压管测点

图 3-2 测压管测点

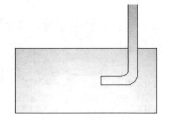

图 3-3 毕托管测点

毕托管测点布置在圆管中心，开口正对来流方向，用来反映圆管中心点的总水头。本实验仪器实验管路中的测点 1、6、8、12、14、16、18 为毕托管测点。

流体力学实验所测参量并不多，最重要的是测量点的速度与压力。充分理解测压管测点和毕托管测点，对于做好本实验至关重要。实验管道由三种不同直径圆管连接组成，连接处光顺过渡，较细的圆管直径为 D_2，上面布置两个测点 6 和 7，较粗的圆管直径为 D_3，上面布置两个测点 16 和 17，其余测点都布置在管径为 D_1 的圆管上。每台仪器的 D_1、D_2、D_3 略有不同，其值标注于恒压水箱正面。

3. 组合测点

如图 3-4 所示，组合测点不是单独的测点类型，是毕托管测点和测压管测点组合在一个截面上，可以测量有压腔体或有压管道内任意一点的总水头（总压力）或

速度。建议同学们课后思考如何测量该点的
速度。

4. 流量测量方法

实验流量由阀门 m 调节，流量由体积时间
法（量筒、秒表）、质量时间法（电子秤、秒
表）或电测法（孔板流量计）测量。在前两种
方法中适当增加测量时间的间隔，可以提高测
量精度。流量测量方法较简单，此处不做详细
介绍，谨记准确测量流量对流体实验精度至关
重要。

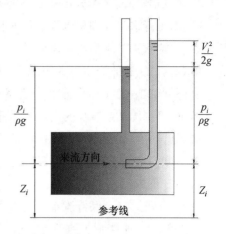

图 3-4 组合测点

三、实验原理

（1）流体在流动中具有三种机械能，即位能、压能、动能，这三种能量可以相互
转换，当管路条件（如位置、管径、流量大小等）改变时，它们便发生能量转换。

（2）对于理想流体，因为不存在因摩擦而产生的机械能损失，所以，尽管在同一
管路中的任何两个截面上的三种机械能彼此不一定相等，但各截面上的机械能总和是
相等的。

（3）对于实际流体，在流动过程中有一部分机械能因摩擦和湍动转换为热能而损
失，因此各截面上的机械能总和是不相等的，两者的差就是流体在这两个截面之间因
摩擦和湍动转换为热能的机械能，即能量损失。

本实验中，在实验管路中沿管内水流方向取 n 个过水断面，可以列出进口断面
（1）至另一断面（i）的能量方程式（$i = 1, 2, 3, \cdots, n$）。

$$Z_1 + \frac{p_1}{\rho g} + \frac{V_1^2}{2g} = Z_i + \frac{p_i}{\rho g} + \frac{V_i^2}{2g} \tag{3-1}$$

选好基准面，从已设置的各断面的测压管中读出 $Z_1 + \frac{p_1}{\rho g}$ 值，测出通过管路的流

量，即可计算出某断面的平均流速 V_i 及 $\frac{V_i^2}{2g}$，从而得到各断面的测压管水头和总水头。

四、实验方法与步骤

1. 熟悉实验设备，分清哪些测点是测压管测点，哪些测点是毕托管测点，以及两
者功能的区别。

2. 打开电源开关，使水箱充水，待恒压水箱溢流后，快速开关阀门 m 几次，然
后关闭阀门 m。关闭阀门 m 后检查所有测压管水面是否齐平，如不平则需查明故障原
因（例如连通管受阻、漏气或夹气泡等）并加以排除，直至调平。

3. 打开阀门 m 至某开度，观察并思考：

① 测压管水头线和总水头线的变化趋势。

② 位置水头、压强水头之间的相互关系。

③ 测点 2、3 的测压管水头是否相同？为什么？

④ 测点 12、13 的测压管水头是否不同？为什么？

⑤ 当流量增加或减少时，测压管水头如何变化？

4. 调节阀门 m 开度，待流量稳定后，测记各测压管液面读数，同时测记实验流量。

5. 毕托管测点用来观察圆管中心点总水头沿程的变化情况，注意观察其沿程走向，不测记读数。

6. 结合图 3-5，保持流量不变，当管路直径变小或增大时，观察并比较对应压能水头与其邻近点压能水头的差别，说明其应用。

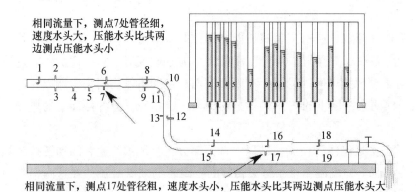

图 3-5　测点压能水头变化

7. 改变流量 2 次，重复上述测量过程，将数据填入表 3-2 中。其中一次阀门开度大到使测压管 19 的液面接近标尺零点，注意采集用标尺能测量到的数据，参见图 3-6，不能测到的数据没有任何意义。

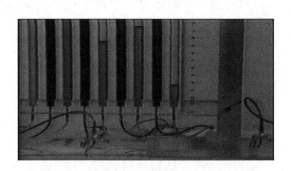

图 3-6　测压管 19 的液面读数采集

五、实验结果与要求

1. 记录有关常数。

实验装置台号 No. _____

均匀段 D_1 = ____ cm；缩管段 D_2 = ____ cm；

扩管段 D_3 = ____ cm；水箱液面高程 ∇_0 = ____ cm；

上管道轴线高程 ∇_z = ____ cm。

将管径记录在表 3-1 中。

表 3-1 管径记录

参数	测点编号										
	1^*	2、3	4	5	6^*、7	8^*、9	10、11	12^*、13	14^*、15	16^*、17	18^*、19
管径/cm											

注：（1）测点 6、7 所在断面内径为 D_2，测点 16、17 所在断面内径为 D_3，其余均为 D_1。

（2）标"*"者为毕托管测点。

（3）测点 2、3 为直管均匀流段同一断面上的两个测点，测点 10、11 为弯管非均匀流段同一断面上的两个测点。

（4）测点 1^* 到恒压水箱的距离为 4 cm，测点 2、3 与测点 1^* 之间的间距为 4 cm，测点 4 与测点 2、3 之间的间距为 6 cm，测点 5 与测点 4 之间的间距为 6 cm，测点 6^*、7 与测点 5 之间的间距为 4 cm，测点 8^*、9 与测点 6^*、7 之间的间距为 13.5 cm，测点 10、11 与测点 8^*、9 之间的间距为 6 cm，测点 12^*、13 与测点 10、11 之间的间距为 10 cm，测点 14^*、15 与测点 12^*、13 之间的间距为 29 cm，测点 16^*、17 与测点 14^*、15 之间的间距为 16 cm，测点 18^*、19 与测点 16^*、17 之间的间距为 16 cm。

2. 观察不同流速下，某一断面上水力要素的变化规律。

以测点 8、9 所在断面为例，测压管 9 的液面读数为该断面的测压管水头。测压管 8 连通毕托管，显示该测点的总水头。实验表明，流速越大，水头损失越大，水流流到该断面时的总水头越小，断面上的势能亦越小。

3. 观察测压管水头线的变化规律。

总变化规律：纵观所有静压测点的测压管水位，可见沿流程有升也有降，表明测压管水头线沿流程可升也可降。

4. 测量 $\left(Z + \dfrac{p}{\rho g}\right)$ 并记入表 3-2 中。

表 3-2　测记 $\left(Z+\dfrac{p}{\rho g}\right)$ 数值　　　　单位：cm

测次	编　号												$Q/(\mathrm{cm}^3/\mathrm{s})$
	2	3	4	5	7	9	10	11	13	15	17	19	
1													
2													
3													

注：基准面选在标尺零点上。

5. 计算各截面速度水头和总水头，将结果记入表 3-3 和表 3-4 中。

表 3-3　计算各截面速度水头

测次	流量/$(\mathrm{cm}^3/\mathrm{s})$	管径为 D_1 时的横截面积 _____ cm^2		管径为 D_2 时的横截面积 _____ cm^2		管径为 D_3 时的横截面积 _____ cm^2	
		平均流速 $V_1/(\mathrm{cm}/\mathrm{s})$	速度水头 $(V_1^2/2g)/\mathrm{cm}$	平均流速 $V_2/(\mathrm{cm}/\mathrm{s})$	速度水头 $(V_2^2/2g)/\mathrm{cm}$	平均流速 $V_3/(\mathrm{cm}/\mathrm{s})$	速度水头 $(V_3^2/2g)/\mathrm{cm}$
1							
2							
3							

表 3-4　计算各截面总水头　　　　单位：cm

测次	编　号												$Q/(\mathrm{cm}^3/\mathrm{s})$
	2	3	4	5	7	9	10	11	13	15	17	19	
1													
2													
3													

注：计算各截面总水头 $Z+\dfrac{p}{\rho g}+\dfrac{V^2}{2g}$，基准面选在标尺零点上。

6. 绘制测压管水头线和总水头线

绘制上述结果中最大流量下的测压管水头线 $P-P$ 和总水头线 $E-E$，轴向尺寸参见图 3-7，测压管水头线和总水头线可以绘制在图 3-7 上或坐标纸上。

提示：a. $P-P$ 线依表 3-2 数据绘制，其中测点 10、11、13 的数据不用。

b. $E-E$ 线依表 3-3 数据绘制，其中测点 10、11 的数据不用。

c. 在等直径管段，$E-E$ 线与 $P-P$ 线平行。

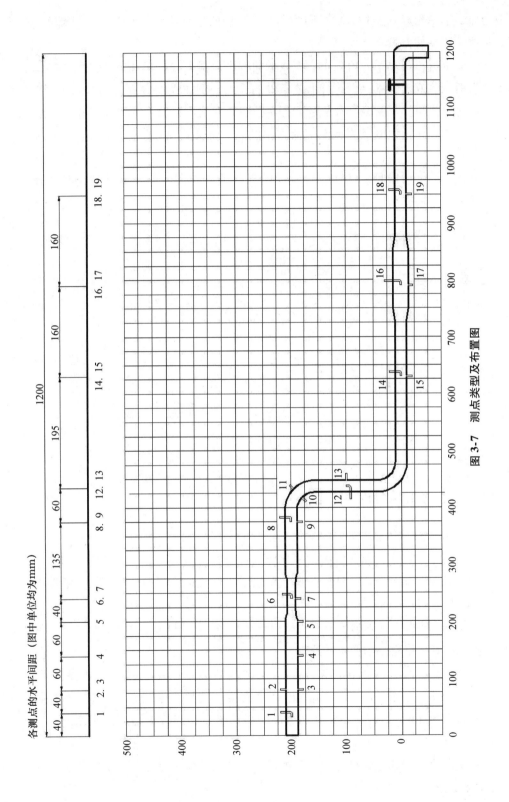

图 3-7 测点类型及布置图

为什么不用测点 10、11、13？因为伯努利方程的适用条件是恒定流（或渐变流）、不可压缩流体、外力只有重力。

除了恒定流，流线间夹角很小、流线的曲率半径很大（即流线近乎平行直线）的流动称为渐变流或缓变流；不符合上述条件的流动，例如经过弯管变径阀门等管件的流动，称为急变流。渐变流符合能量方程条件，急变流不符合。在图 3-8 中，标注段为急变流，未标注段为恒定流或渐变流，本实验中因测点 13 的直管段短，所以实际流场并不稳定。

使用自循环供水器时需注意，计量后的水必须小心倒回原实验装置的接水漏斗内，以维持自循环供水器的正常运行。

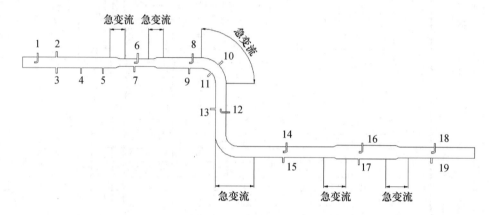

图 3-8　渐变流与急变流

六、实验分析与讨论

1. 测压管水头线和总水头线的变化趋势有何不同？为什么？

2. 流量增加，测压管水头线有何变化？为什么？

3. 由毕托管测量的总水头线与按照实测断面平均流速绘制的总水头线一般都有差异，试分析其原因。

4*. 查阅循环水槽、风洞的资料，指出流体在各工作段中的能量转换关系，分析循环水槽、风洞工作段流场稳定的原理。

5*. 选择某小区，调研其自来水供水情况，绘制小区用水高峰期的测压管水头线和总水头线。分析用水高峰期测压管水头线一定要高于居民楼高度的原因。

6. 求最大流量时，测点 6、7 所在截面的平均流速和圆管中心点的流速，分析产生差异的原因。

7. 能量要素可以相互转换是伯努利能量方程的主要理论点之一，指出实验过程中的能量转换现象。

相关阅读：

1. 能量守恒定律

能量既不会凭空产生，也不会凭空消失，它只能从一种形式转换为其他形式，或者从一个物体转移到另一个物体，在转换或转移的过程中，能量的总量不变。这就是能量守恒定律。

能量守恒不仅仅是自然科学的概念，同时也是哲学的概念，对于分析实验现象和规律有重要的指导意义。

2. 高程（标高）

地面上的点到高度起算面的垂直距离，指的是某点沿铅垂线方向到绝对基面的距离，称作绝对高程，简称高程。

衡量地形、河水和建筑物高低需要一个基准面作为参照，由于静水水面始终平准，往往用作确定高程的基准面，称作水准高程。通常选择特定地点的近海静水面作为水准原点，称作海拔高程。

在本实验中，高程是指相对于系统内同一参考基准面的高度。

3. 管流中的点的压能水头

在建筑施工工地，经常会看到路面水管因磨损等原因破漏而向外喷水，表明管内有压力。在破损点接一根玻璃管，水管内的压力就会使玻璃管内水柱升高到一定高度，破损点到玻璃管内水面的垂直距离就是破损点的压能水头，如图3-9所示；另外一种现象是管内压力低于管外压力，导致破口点进气泡，此时该点压力为负；还有的破口点既不喷水也不吸气，此时该点压力为零。所以压能水头可正、可负，也可以为零。请同学们课后思考如何测量测点负压能水头。

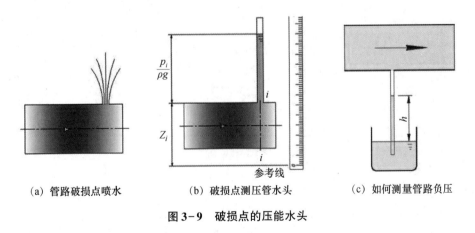

（a）管路破损点喷水　　（b）破损点测压管水头　　（c）如何测量管路负压

图3-9　破损点的压能水头

4. L形毕托管用于测量管道内的点流速与总水头

原理见第四章"毕托管测流速实验"。为减小对流场的干扰，本章装置中采用的是直径为 $\phi 1.6\,\text{mm} \times 1.2\,\text{mm}$（外径×内径）的L形毕托管。实验表明，只要开孔的切平面与来流方向垂直，L形毕托管的弯角从90°～180°均不影响所测流速的精度，如图3-10所示。

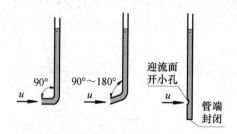

图3-10　L形毕托管的弯角

第四章　毕托管测流速实验

一、实验目的与要求

1. 通过测量淹没管嘴出流点流速及点流速系数，掌握用毕托管测量点流速的技能。

2. 了解普朗特型毕托管的构造和适用性，进一步明确传统流体力学测量仪器的作用。

3. 学会制作简单毕托管用于测量管路点的压力与速度。

二、实验装置

毕托管测流速实验装置如图 4-1 所示。

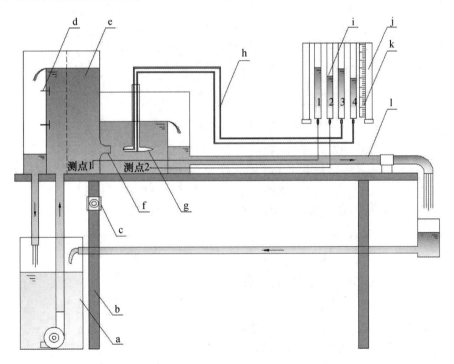

a—自循环供水器；b—实验台；c—无级调速器；d—水位调节阀；e—恒压水箱；f—淹没管嘴；g—毕托管；
h—连接管；i—测压管；j—测压板；k—滑动测量尺（滑尺）；l—上回水管；1～4—测压管。

图 4-1　毕托管测流速实验装置

水流经淹没管嘴 f，将高低水箱水位差的位能转化为动能，并用毕托管测出点流速的大小。测压板 j 的测压管 1、2 用于测量恒压水箱 e 液面高程，测压管 3、4 用于测量毕托管的总水头和静压水头，水位调节阀 d 用于改变测点流速。本书所提及的毕托管均指普兰特毕托管。图 4-2 为实验室所用毕托管。

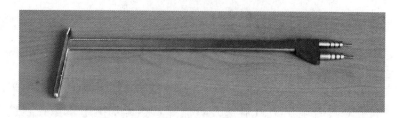

图 4-2　实验室所用毕托管

三、实验原理

毕托管测流速的原理如图 4-3 所示。毕托管测流速的原理推导如下：

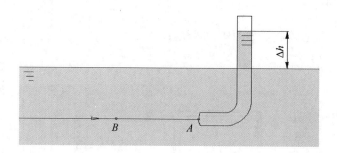

图 4-3　毕托管测流速的原理

$$Z_B + \frac{p_B}{\rho g} + \frac{V_B^2}{2g} = Z_A + \frac{p_A}{\rho g} + \frac{V_A^2}{2g} \tag{4-1}$$

选择 A、B 连线为参考线，则 $Z_B = Z_A = 0$，驻点流速 $V_A = 0$。

式（4-1）简化后得

$$V_B = \sqrt{2g(p_A - p_B)/\rho g} = \sqrt{2g\Delta h} \tag{4-2}$$

式中　Z_A、Z_B——A、B 两点的位置水头；

　　　p_A、p_B——A、B 两点的压能水头；

　　　V_A、V_B——A、B 两点流线方向的速度；

　　　Δh——A、B 两点的压能水头差。

实测通用公式：

$$V = c\sqrt{2g\Delta h} \tag{4-3}$$

同时 V 也可以用上、下游水位差 ΔH 表示：

$$V = \phi' \sqrt{2g\Delta H} \tag{4-4}$$

联解式（4-3）、式（4-4）可得

$$\phi' = c \sqrt{\Delta h / \Delta H} \tag{4-5}$$

式中　V——测点流速；

　　　c——毕托管的校正系数；

　　　Δh——毕托管的总水头与静压水头差；

　　　ΔH——上、下游水位差；

　　　ϕ'——测点流速系数。

四、实验方法与步骤

1. 准备

（1）熟悉实验装置各部分名称、作用性能、构造特征，熟悉实验原理。

（2）用医用塑料管将恒压水箱、自循环供水器的测点分别与测压板 j 的测压管 1、2 相连通。

（3）将毕托管对准淹没管嘴 f，在距离淹没管嘴 f 出口 2～3 cm 处，拧紧固定螺丝，注意力度适当，以免损坏固定夹。

2. 开启水泵

顺时针打开无级调速器 c 开关，将流量调节到最大。

3. 排气

待上、下游溢流后，用吸气球（如医用洗耳球）放在测压管口部抽吸，如图 4-4 所示。排除毕托管及各连通管中的气体，然后用静水匣罩住毕托管，如图 4-5 所示。可检查测压管 2、3、4 的液面是否齐平，若齐平，表明测压管 2、3、4 中气体已经排尽，如图 4-6 所示；若液面不齐平，可能是气体没有排尽，必须重新排气。测压管 1 的液面应该与恒压水箱 e 液面齐平。

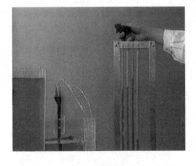

图 4-4　毕托管实验排气方法

图 4-5　用静水匣罩住毕托管

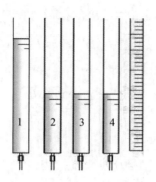

图4-6　测压管2、3、4的液面齐平

4. 记录实验数据

测记各有关常数和实验数据，填入实验表格。

5. 改变流速

操作水位调节阀 d 并调节无级调速器 c，使溢流量适中，并获得三个不同恒定水位与相应的流速。改变流速后，按上述方法重复测量。

6. 完成下述实验项目

（1）分别沿垂向和流向改变测点的位置，观察淹没管嘴射流的流速分布。

（2）在有压管道测量中，当管道直径与毕托管直径的比值为 6～10 时，测量误差在 2%～5%，此时不宜使用毕托管。试将毕托管头部伸入管嘴中，予以验证。

7. 检查

实验结束时，按上述步骤检查测压管2、3、4的液面是否齐平。

五、实验结果与要求

实验装置台号 No. _____

记录实验结果并填写表4-1。

表4-1　记录实验结果　　　　校正系数 $c =$

实验次序	上、下游水位差/cm			毕托管水头差/cm			测点流速 $V = c\sqrt{2g\Delta h}$	测点流速系数 $\phi' = c\sqrt{\Delta h/\Delta H}$
	h_1	h_2	ΔH	h_3	h_4	Δh		
1								
2								
3								

六、实验分析与讨论

1. 利用测压管测量点压力时，为什么要排气？怎样检验气体是否排尽？

2. 分析实验流程中的能量转换关系。毕托管的压能水头差 Δh 和管嘴上、下游水位差 ΔH 之间有何大小关系？为什么？从实验结果来看，能量转换效率是高还是低？

3. 毕托管的测速范围为 $0.2 \sim 2$ m/s，流速过小或过大均不宜采用，为什么？测速时要求探头对正水流方向（轴向安装偏差不大于 $10°$），为什么？

4*. 毕托管的测速范围为 $0.2 \sim 2$ m/s，当壁面附近或狭缝处等区域的流速低于 0.2 m/s，如何测量流速？（不使用激光测量）

5*. 查阅资料，探讨使用毕托管测量高速流体的水头（压能水头）的可能性，如何估算并修正其精度？

6. 为什么在光、声、电技术高度发展的今天，仍然使用毕托管这一传统的流体测速仪器？

7. 根据本章所学知识，自己制作便携式流速计并标定精度。

8. 在实验室工作中，往往采用倾斜式毕托管测压板，如图 4-7 所示，为什么？图 4-7 中的三通管在什么情况下使用？

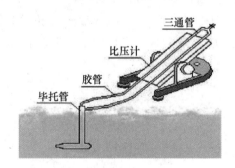

图 4-7　倾斜式毕托管测压板

9. 结合本章相关阅读，归纳毕托管的典型应用，并说明如何测量流场中不规则物体的表面压力分布。

10. 什么是普朗特毕托管？

相关阅读：

1. 毕托管在科研工作中的典型应用

毕托管测速及其应用实验是流体力学最重要的实验之一。毕托管广泛应用于科研工作中，这里介绍毕托管在科研工作中最常见的两种应用。

（1）有压管流或有压腔体流场中点的速度和压力测量。

有压管流或有压腔体内部（如发动机燃烧室）某些关键点的压力和速度是设计者非常关心的参量，利用一对测点就可以测出一点的压力和速度。实验原理如图 4-8 所示，请同学们自行列式计算。

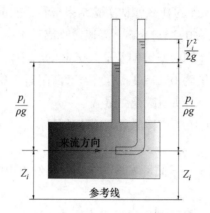

图 4-8　有压管流或有压腔体流场中点的速度和压力测量实验原理

（2）流场中不规则形状物体表面点的压力测量。

对流场中不规则形状物体表面点的压力分布进行理论计算往往很困难，但利用毕托管实验测定却很方便，实验原理如图 4-9 所示。请写出来流速度为 V_0 时 N 点的表面压力计算公式。

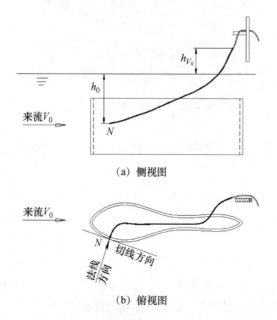

（a）侧视图

（b）俯视图

图 4-9　流场中不规则形状物体表面点的压力测量实验原理

2. 传感器

传感器是一种检测装置，能感受被测量的信息，并能将检测感受到的信息按一定规律转换成电信号或其他所需形式的信息进行输出，以满足信息的传输、处理、存储、显示、记录和控制等要求。它是实现自动检测和自动控制的关键装置。

国家标准 GB/T 7665—2005《传感器通用术语》对传感器下的定义是：能感受被测量并按照一定的规律转换成可用输出信号的器件或装置，通常由敏感元件和转换元件组成。

传感器早已渗透到诸如工业生产、海洋探测、环境保护、资源调查、医学诊断、生物工程，甚至文物保护等领域。可以毫不夸张地说，几乎每一个现代化项目，都离不开各种各样的传感器。

流体力学实验中最常见的传感器是压力传感器、速度传感器、流量传感器、温度传感器等。毕托管就是很典型的速度传感器。现代科研实验几乎离不开传感器。请同学们自行查阅相关资料，了解更多关于传感器的知识，以提升实验技能。

第五章　文丘里流量计实验

一、实验目的与要求

1. 通过测量流量系数，掌握文丘里流量计测量管道流量的技术，以及应用气-水多管压差计测量压差的技术。

2. 通过实验与量纲分析，了解结合量纲分析和实验研究水力学问题的途径，进而掌握文丘里流量计的水力特征。

二、实验装置

文丘里流量计实验装置如图 5-1 所示。

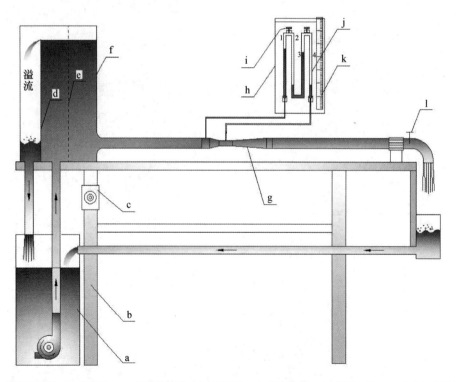

a—自循环供水器；b—实验台；c—无级调速器；d—溢流板；e—稳水孔板；f—恒压水箱；g—文丘里实验管段；
h—测压板；i—测压板气阀；j—气-水多管压差计；k—滑尺；l—流量调节阀；1～4—测压管。

图 5-1　文丘里流量计实验装置

在文丘里流量计的两个测量断面上，每个截面分别有 4 个测压孔与相应的均压环连通，经均压环均压后的断面压强，由气-水多管压差计 j 测量（亦可用电测仪测量）。

三、实验原理

文丘里管横截面为圆形。图 5-2 是文丘里管纵剖面示意图。不计测点 1、2 间的能量损失，列出测点 1、2 所在截面的能量方程和连续方程并联立。

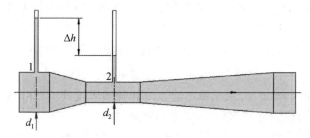

图 5-2 文丘里管纵剖面示意图

$$Z_1 + \frac{p_1}{\rho g} + \frac{V_1^2}{2g} = Z_2 + \frac{p_2}{\rho g} + \frac{V_2^2}{2g} \tag{5-1}$$

$$A_1 V_1 = A_2 V_2 = Q' \tag{5-2}$$

$$\frac{1}{4}\pi d_1^2 V_1 = \frac{1}{4}\pi d_2^2 V_2 \tag{5-3}$$

联立上边三式并简化得到

$$Q' = \frac{\pi d_1^2}{4 \sqrt{(d_1/d_2)^4 - 1}} \sqrt{2g\left[\left(Z_1 + \frac{p_1}{\rho g}\right) - \left(Z_2 + \frac{p_2}{\rho g}\right)\right]}$$

$$= K \sqrt{\Delta h} \tag{5-4}$$

其中

$$K = \frac{\pi d_1^2 \sqrt{2g}}{4 \sqrt{(d_1/d_2)^4 - 1}}, \quad \Delta h = \left(Z_1 + \frac{p_1}{\rho g}\right) - \left(Z_2 + \frac{p_2}{\rho g}\right)$$

式中 A_1、A_2——测点 1、2 所在截面的面积；

$\qquad V_1$、V_2——测点 1、2 所在截面的平均流速；

$\qquad d_1$——测点 1 处的直径，也叫作入口直径；

$\qquad d_2$——测点 2 处的直径，也叫作喉颈处直径；

$\qquad \Delta h$——测点 1、2 间测压管水头之差。

实际上，由于测点 1、2 间流动阻力的存在，通过的实际流量 Q 恒小于理论计算值 Q'。今引入一无量纲系数 $\mu = Q/Q'$（μ 被称为流量系数），对计算所得的流量值进行修正。

即

$$Q = \mu Q' = \mu K \sqrt{\Delta h} \tag{5-5}$$

另外，由水静力学基本方程可得气-水多管压差计的 Δh 为

$$\Delta h = h_1 - h_2 + h_3 - h_4 \qquad\qquad (5-6)$$

四、实验方法与步骤

1. 测记各有关常数。

2. 打开电源开关，全关流量调节阀1，检核测压管液面读数 $h_1 - h_2 + h_3 - h_4$ 是否为0；若不为0，则需查出原因并予以排除。

3. 全开流量调节阀1，检查各测压管液面是否都处在滑尺读数范围内，否则，按下列程序调节：拧开测压板气阀 i 将清水注入测压管 2、3，待 $h_2 = h_3 \approx 24$ cm 时，打开电源开关充水，待连通管无气泡，渐关流量调节阀1，并调节无级调速器 c（此处兼作电源开关）至 $h_1 = h_4 = 28.5$ cm 时，迅速拧紧测压板气阀 i。

4. 全开流量调节阀1，待水流稳定后，读取各测压管的液面读数 h_1、h_2、h_3、h_4，并用秒表、量筒测定流量或质量后再换算成体积流量。

5. 逐次关小流量调节阀1，改变流量7～9次，重复步骤4，注意应缓慢调节阀门。

6. 把测量值记录在表5-1中，并进行有关计算。

7. 如测压管内液面波动，应取时均值。

8. 实验结束后，需按步骤2校核测压板 h 是否回零。

五、实验结果与要求

1. 记录有关常数。

实验装置台号 No. _____

$d_1 = $ ____ cm，$d_2 = $ ____ cm，水温 $t = $ ____ ℃，运动黏度系数 $\nu = $ ____ cm²/s。

2. 整理记录表、计算表。将数据填入表5-1和表5-2。

表5-1　文丘里管实验数据记录

次序	测压管读数/cm				流量/cm³	测量时间/s
	h_1	h_2	h_3	h_4		
1						
2						
3						
4						
5						
6						
7						
8						
9						

表5-2 文丘里管实验数据计算表（$K = \quad$ cm$^{2.5}$/s）

次序	$Q/(\text{cm}^3/\text{s})$	$\Delta h = (h_1 - h_2 + h_3 - h_4)/\text{cm}$	Re	$Q' = K\sqrt{\Delta h}/(\text{cm}^3/\text{s})$	$\mu = \dfrac{Q}{Q'}$
1					
2					
3					
4					
5					
6					
7					
8					
9					

3. 用方格纸绘制 $Q-\Delta h$ 与 $Re-\mu$ 曲线图，分别取 Δh、μ 为纵坐标。

六、实验分析与讨论

1. 在本实验中，影响流量系数大小的因素有哪些？哪些因素最敏感？对本实验的管道而言，若因加工精度影响，误将 $(d_2 - 0.01)$ 值取代上述 d_2 值，那么本实验在最大流量下的流量系数会是多少？

2. 为什么理论计算流量 Q' 与实际流量 Q 不相等？

3. 仔细观察图5-3所示的工程用文丘里管实物照片，分别指出喉颈部位、入水口直径位置、水流方向、均压环位置，并分析均压环的作用。

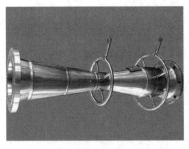

（a）不锈钢文丘里管及均压环   （b）文丘里管测量总成

（c）铸钢文丘里管及均压环   （d）输水干线大型文丘里管

图5-3 工程用文丘里管实物照片

4. 图5-4为简易便携沐浴器原理及实物照片，该淋浴器造价低廉（50元以内），适合旅行者和集体公寓住户等使用。它利用文丘里管压力突变产生负压原理工作。查询互联网并详细分析其工作原理和运行流程。

5*. 自制管路流量计，拟出流量计算公式，并标定精度，分析其适用范围。

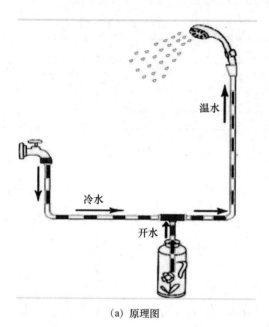

（a）原理图

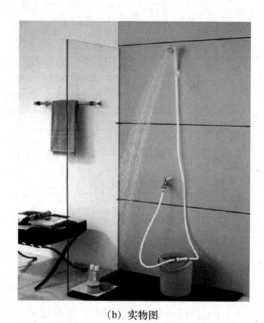

（b）实物图

图5-4　简易便携淋浴器原理及实物照片

相关阅读：

标定（也称率定）：使用标准的计量仪器检测所使用仪器的准确度（精度）是否符合标准。一般用于精度较高的仪器。通常对传感器进行相应指标加载，标定出传感器的特性参数，如加砝码标定弹簧的刚性系数等。工程用文丘里管流量计在使用前也需要标定。

标定的主要作用如下：

1. 确定仪器或测量系统的输入-输出关系，赋予仪器或测量系统分度值。

2. 确定仪器或测量系统的静态特性指标。

3. 消除系统误差，改善仪器或系统的精度。

在科学测量中，标定是一个不容忽视的重要步骤。

第六章　动量定理实验

一、实验目的与要求

1. 验证不可压缩流体恒定流的动量方程。

2. 通过对动量与流速、流量、出射角度、动量矩等因素间相关性的分析研讨，进一步掌握流体动力学的动量定理。

3. 了解活塞式动量定理实验仪的原理、构造，进一步启发创造性思维，培养相关能力。

二、实验装置

动量定理实验装置如图 6-1 所示。

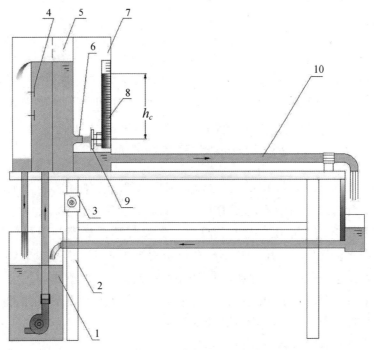

1—自循环供水器；2—实验台；3—无级调速器；4—水位调节阀；5—恒压水箱；6—管嘴；
7—集水箱；8—带活塞的测压管；9—带活塞和翼片的抗冲平板；10—上回水管。

图 6-1　动量定理实验装置

自循环供水器 1 由离心式水泵和蓄水箱组合而成。离心式水泵的开启、流量大小的调节均由无级调速器 3 完成。水流经供水管供给恒压水箱 5，溢流水经回水管流回蓄水箱。流经管嘴 6 的水流形成射流，冲击带活塞和翼片的抗冲平板 9，并以与入射角成 90°的方向离开抗冲平板。抗冲平板在射流冲力和带活塞的测压管 8 中的水压力作用下处于平衡状态。活塞形心水深 h_c 可由带活塞的测压管 8 测得，由此可求得射流的冲力，即动量力 F。冲击后的弃水经集水箱 7 汇集后，再经上回水管 10 流出，最后经漏斗和下回水管流回蓄水箱。

为了自动调节测压管内的水位，以使带活塞平板受力平衡并减小摩擦力对活塞的影响，本实验装置应用了自动控制的反馈原理和动摩擦减阻技术。

带活塞平板和带测压管活塞套如图 6-2 所示，该图是活塞退出活塞套时的分部件示意图。活塞中心设有一细导水管 a，进口端位于平板中心，出口端伸出活塞头部，出口方向与轴向垂直。在平板上设有翼片 b，活塞套上设有窄槽 c。

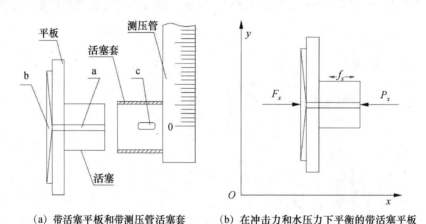

（a）带活塞平板和带测压管活塞套　　　（b）在冲击力和水压力下平衡的带活塞平板

a—细导水管；b—翼片；c—窄槽。

图 6-2　带活塞平板和带测压管活塞套

工作时，在射流冲击力作用下，水流经细导水管 a 向测压管内加水。当射流冲击力大于测压管内水柱对活塞的压力时，活塞内移，窄槽 c 关小，水流外溢减少，使测压管内水位升高，水压力增大；反之，活塞外移，窄槽 c 开大，水流外溢增多，测压管内水位降低，水压力减小。在恒定射流冲击下，经短时段的自动调整，带活塞平板即可达到射流冲击力和水压力的平衡状态，参见图 6-3。这时活塞处在半进半出、窄槽部分开启的位置上，经过细导水管 a 流进测压管的水量和过窄槽 c 外溢的水量相等。由于平板上设有翼片 b，在水流冲击下，平板带动活塞旋转，因而克服了活塞在沿轴向滑移时的静摩擦力。

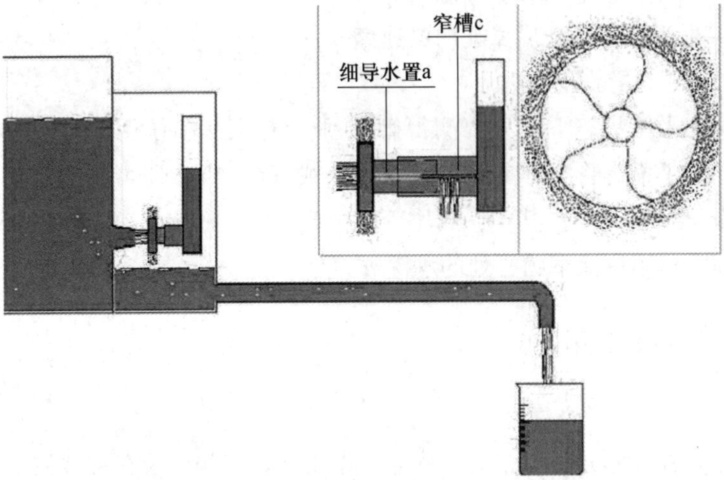

图 6-3　活塞式动量定理装置工作原理

　　为验证本实验装置的灵敏度，在实验中的恒定流受力平衡状态下，人为地增减测压管中的水位高度，可发现即使改变量不足总水位高度的 ±5‰（0.5～1 mm），活塞在旋转下亦能有效地克服动摩擦力而做轴向位移，开大或关小窄槽 c，使过高的水位降低或使过低的水位提高，恢复到原来的平衡状态。这表明该装置的灵敏度高达0.5‰，即活塞轴向动摩擦力 f_x 不足总动量力的 5‰。

三、实验原理

　　恒定总流动量的方程为

$$F = \rho Q(\beta_2 V_2 - \beta_1 V_1) \tag{6-1}$$

　　带活塞和翼片的抗冲平板 9 在射流冲力和带活塞的测压管 8 中的水压力作用下处于平衡状态，因活塞轴向动摩擦力 $f_x < 0.5\% F_x$，可忽略不计，则有下列等式成立，参见图 6-2（b）。

$$F_x = -P_x$$

即

$$\rho Q(\beta_2 V_{2x} - \beta_1 V_{1x}) = -\rho g h_c \frac{\pi}{4} D^2 \tag{6-2}$$

　　因射流冲击平板后 x 方向的速度 $V_{2x} = 0$，式（6-2）可推导为

$$\beta_1 \rho Q V_{1x} = \rho g h_c \frac{\pi}{4} D^2 \tag{6-3}$$

式中　h_c——作用在活塞圆心处的水深；

　　　　D——活塞直径；

　　　　Q——管嘴射流流量；

V_{1x}——管嘴出口射流的平均速度；

V_{2x}——射流冲击平板后 x 方向的速度；

β_1、β_2——动量修正系数。

实验中，在平衡状态下，只要测得管嘴射流流量 Q 和作用在活塞圆心处的水深 h_c，再将给定的管嘴直径 d 和活塞直径 D 代入式（6-3），便可计算出射流动量修正系数 β_1，并验证动量定理。其中，测压管的标尺零点已固定在活塞的圆心处，因此液面标尺读数即为作用在活塞圆心处的水深 h_c。

四、实验方法与步骤

1. 准备

熟悉实验装置各部分名称、结构特征、作用性能，并记录有关常数。

2. 开启水泵

打开无级调速器开关，水泵启动 2～3 min 后，关闭 2～3 min，以利用回水排除离心式水泵内滞留的空气。

3. 调整测压管位置

待恒压水箱满顶溢流后，松开测压管的固定螺丝，调整方位，要求测压管垂直、固定螺丝对准十字中心，使活塞转动灵活，然后旋转固定螺丝完成固定。

4. 测读水位

标尺零点已固定在活塞圆心的高程上。当测压管内液面稳定后，记下测压管内液面的标尺读数，即 h_c 值。

5. 测流量

使用体积法或质量法测流量时，每次测量时间应大于 20 s；使用电测仪测流量时，则须在仪器量程范围内。所有测量均须重复三次再取均值。流量亦要根据实际接水的水桶情况而定，不要太满。

6. 改变水头重复实验

逐次打开不同高度时的溢水孔盖，改变管嘴的作用水头。调节无级调速器，使溢流量适中，待水头稳定后，按步骤 3～5 重复进行实验。

7. 观察 $V_{2x} \neq 0$ 对 F_x 的影响，取下平板活塞，使水流冲击到活塞套内，调整好位置，使反射水流的回射角度一致，记录回射角度的目测值、测压管作用水深 h'_c 和管嘴作用水头 H_0。

五、实验结果与要求

1. 记录有关常数。

实验装置台号 No. _____

管嘴内径 $d =$ ＿＿＿ cm，活塞直径 $D =$ ＿＿＿ cm。

2. 设计实验参数记录、计算表，并在表6-1中填入实测数据。

表6-1　动量定理数据处理表格

测次	体积 V/cm^3	时间 T/s	流量 $Q_i/(cm^3/s)$	平均流量 $Q/(cm^3/s)$	活塞作用水头 h_c/cm	流速 $V_{1x}/(cm/s)$	动量力 F_x/N	动量修正系数 β_1
1								
2								
3								

六、实验分析与讨论

1. 实测值 $\overline{\beta_1}$（平均动量修正系数）与理论值 β（$\beta = 1.02 \sim 1.05$）是否相符？如不相符，试分析原因。

2. 带翼片的平板在射流作用下获得力矩，这对分析射流冲击无翼片的平板沿 x 方向的动量方程有无影响？为什么？

3. 图6-4所示为清华大学动量定理实验装置示意图，图6-5所示为华中科技大学动量定理实验装置示意图，根据已学知识，课后分析其实验原理。

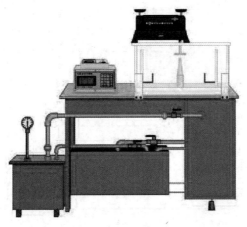

图6-4　清华大学动量定理实验装置示意图

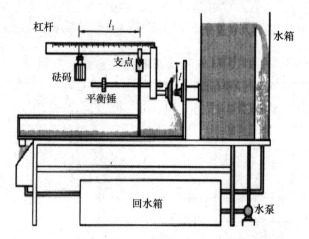

图 6-5　华中科技大学动量定理实验装置示意图

　　4*. 查阅资料，分析船舶喷水推进的动量定理原理，做适量简化，建立船舶喷水推进的平衡方程式。

　　5*. 查阅资料，分析火箭发射推进的动量定理原理，做适量简化，建立火箭发射推进的平衡方程式。

第七章 雷 诺 实 验

实验背景

  1883 年，雷诺通过实验发现液流中存在着层流和湍流两种流态：流速较小时，水流有条不紊地呈现层状有序的直线运动，流层间没有质点掺混，这种流态称为层流；当流速增大时，流体质点做杂乱无章的无序的运动，流层间质点掺混，这种流态称为湍流。雷诺实验还发现存在着湍流转变为层流的临界流速 V_0，而 V_0 又与流体黏性、圆管直径 d 有关。若要判别流态，就要确定各种情况下的 V_0 值。雷诺运用量纲分析的原理，对这些相关因素的不同量值做出排列组合再分别进行实验研究，得出了无量纲数——雷诺数 Re，以此作为层流与湍流的判别依据，使复杂问题得以简化。经反复测试，雷诺得出圆管流动的下临界雷诺数数值为 2 320，该值被定义为公认值。在工程上，一般取下临界雷诺数数值为 2 000。当 $Re < 2\,320$ 时，圆管中流体流态为层流；反之，则为湍流。

一、实验目的与要求

  1. 观察液体流动时的层流和湍流现象。区分两种不同流态的特征，熟悉两种流态产生的条件，加深对雷诺数的理解。

  2. 测定上临界雷诺数、下临界雷诺数。掌握圆管中流体流态判别准则。

  3. 通过分析有色水在管中的不同状态，加深对圆管中流体不同流态的了解。学习古典流体力学中应用无量纲数进行实验研究的方法，并了解其实用意义。

二、实验装置

  自循环雷诺实验装置如图 7-1 所示。该实验装置主要由实验台、自循环供水器、无级调速器、恒压水箱、水管、实验管道、流量调节阀、接水漏斗、溢流板、回水管等组成。供水流量由无级调速器 3 调控使恒压水箱 6 始终保持微溢流的状态，以提高进口前水体稳定度。本恒压水箱还设有多道稳水孔板，可使稳水时间缩短为 3 ～ 5 min。有色水经水管 7 注入实验管道 8，可据有色水散开与否判别流态。为防止自循环水污染，有色水采用自行消色的专用色水。湍流时，有色水顺管流下，有色水线完全离散为空间无序运动点，有色水浓度很低，颜色很浅，几乎看不见。层流时，有色水线不离散，显示为一条红色直线。

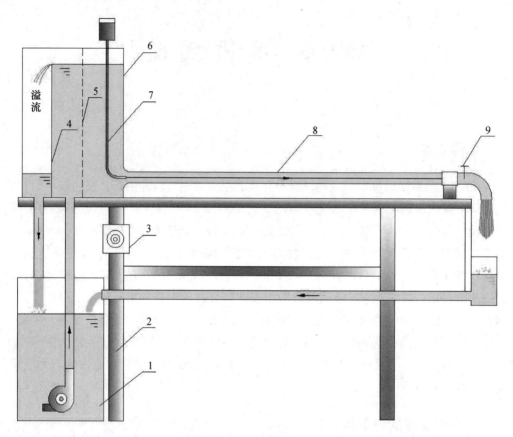

1—自循环供水器；2—实验台；3—无级调速器；4—溢流板；5—稳水孔板；
6—恒压水箱；7—水管；8—实验管道；9—流量调节阀。

图 7-1　自循环雷诺实验装置

三、实验原理

在本实验中，当流量由大逐渐变小时，流态由湍流变为层流，对应一个下临界雷诺数；当流量由零逐渐增大时，流态从层流变为湍流，对应一个上临界雷诺数；在上临界雷诺数与下临界雷诺数之间，流态处于不稳定的过渡状态，如图 7-2 所示。由于上临界雷诺数受外界干扰，数值不稳定，而下临界雷诺数的数值比较稳定，因此一般以下临界雷诺数作为判别流态的标准。该实验中，由于水箱的水位稳定，且管径、水的密度与黏性系数不变，因此可以用改变流速的方法改变雷诺数。

雷诺数的计算公式为

$$Re = \frac{Vd}{\nu} = \frac{4Q}{\pi d\nu} = kQ \qquad (7-1)$$

式中　Re——雷诺数，为无量纲数；

　　　d——圆管内径；

　　　V——管内平均流速；

　　　ν——流体运动黏度；

　　　k——计算常数，$k = \dfrac{4}{\pi d \nu}$；

　　　Q——流体流量。

有色液体的质点运动可清晰地反映两种流态的根本区别。在层流中，有色液体与水互不混掺，呈直线运动状态；在湍流中，有大小不等的涡体振荡于各流层之间，有色液体与水混掺，浓度降低，颜色很浅，几乎看不见。

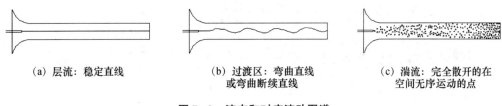

(a) 层流：稳定直线　　　　　　(b) 过渡区：弯曲直线　　　　　(c) 湍流：完全散开的在
　　　　　　　　　　　　　　　　　　或弯曲断续直线　　　　　　　　空间无序运动的点

图7-2　流态和对应流动图谱

四、实验方法与步骤

1. 测记本实验的有关常数。

2. 观察两种流态。

打开无级调速器3使水箱充水至溢流水位，经稳定后，微微开启流量调节阀9，并注入有色水于实验管内，使有色水流成一直线。通过有色水质点的运动观察管内水流的层流流态，然后逐步开大流量调节阀9，通过有色水直线的变化观察层流转变到湍流的水力特征；待管中出现完全湍流后，再逐步关小流量调节阀9，观察由湍流转变为层流的水力特征。

3. 测定3次下临界雷诺数，取其平均值。

（1）将流量调节阀9打开，使管中流态呈完全湍流，再逐步关小流量调节阀9使流量减小。当流量调节到使有色水在全管刚刚呈现出一条稳定直线时，即为下临界状态。

（2）待管中出现临界状态时，用体积法、质量法或电测法测定管内流量。

（3）根据所测流量计算下临界雷诺数，并与公认值2320进行比较，若偏离过大，则需要重测。

（4）重新打开流量调节阀9，使管中流态呈完全湍流，按照上述步骤重复测量不少于3次。

（5）同时用水箱中的温度计测记水温，从而求得水的运动黏度。

注意：

① 每调节一次阀门，均需等待几分钟；

② 在关小阀门的过程中，必须缓缓操作，不允许突然关闭阀门；

③ 随着出水流量减小，应适当调小开关（右旋），以减小溢流量引发的扰动。

④ 测定 1～2 次上临界雷诺数。

逐渐开启流量调节阀，使管中水流由层流过渡到湍流，当有色水线刚刚开始散开时，即为上临界状态，测定 1～2 次上临界雷诺数。

五、实验结果与要求

1. 记录、计算有关常数。

实验装置台号 No. _____

管径 d = ____ cm，水温 t = ____ ℃

运动黏度 $\nu = \dfrac{0.017\,75}{1 + 0.033\,7t + 0.000\,221t^2} = $ ____ cm²/s

计算常数 k = ____ s/cm³。

2. 整理、记录计算表。

测定 3 次下临界雷诺数，取平均值作为实测下临界雷诺数；测定 1 次上临界雷诺数，填入表 7-1。

表 7-1　雷诺实验数据记录

次序	有色水线形态	水体积 V/cm^3	时间 T/s	流量 $Q/(\text{cm}^3/\text{s})$	雷诺数 Re	阀门开度增（↑）或减（↓）	备注
1	完全散开					↓	
	弯曲断续					↓	
	稳定直线					↓	下临界
2	完全散开					↓	
	稳定直线					↓	下临界
3	稳定直线					↓	下临界
4	刚完全散开					↑	上临界

实测下临界雷诺数（平均值）$\overline{Re}_c$ =

实测上临界雷诺数（平均值）$\overline{Re}_c$ =

注：有色水线形态有稳定直线、稳定略弯曲、直线摆动、直线抖动、断续、完全散开等。

六、实验分析与讨论

1. 流态判据为何采用无量纲数，而不采用临界流速？

2. 为何认为上临界雷诺数无实际意义，而采用下临界雷诺数作为层流与湍流的判断依据？实测下临界雷诺数为多少？

3. 雷诺实验得出的圆管流动下临界雷诺数为 2 320，而目前有些教科书中介绍采用的下临界雷诺数是 2 000，原因是什么？

4. 试结合湍动机理实验的观察，分析由层流过渡到湍流的机理。

5. 层流和湍流在运动学特性和动力学特性方面各有何差异？

相关阅读：

流体的流态不同，流体的运动学特性和动力学特性就会不一样。雷诺实验揭示了圆管中流体的流态不仅与管内平均流速有关，同时也与圆管直径、运动黏度有关。流态指流体的流动是层流流动还是湍流流动或者处于过渡段。

1. 层流运动学特征

（1）质点有规律地做分层流动，边界条件相同，流动现象（或图谱）会严格再现。

（2）断面流速按抛物线分布。

（3）运动要素无脉动现象。

（4）雷诺数低于下临界值，能够衰减干扰信号，重新归于稳定。

2. 湍流运动学特征

（1）质点互相混掺做无规则的随机运动，边界条件相同，流动现象（或图谱）不会再现。

（2）断面流速按指数规律分布，雷诺数越大，管内流速越均匀。

（3）运动要素发生不规则的脉动现象。

第八章　局部水头损失实验

在边界急剧变化的区域，流体速度的大小和方向发生急剧变化而产生漩涡，导致流动阻力大大增加，形成了比较集中的能量损失，该能量损失叫作局部水头损失，记作 h_j。一般发生在渐扩渐缩段（如发动机喷管、风洞发散段）、突扩突缩段（输送流体的管路直径变化部位）、阀门、弯管、分流合流等部位。局部水头损失在流体运行系统中是大量存在的，且雷诺数越大，在计算中越要被充分考虑。局部水头损失种类繁多，大部分不能用理论方法计算，需要用实验来测定。本实验指定用三点法和四点法测量突扩和突缩这两种类型的局部水头损失系数。

一、实验目的与要求

1. 掌握三点法、四点法测量局部水头损失系数的技能。
2. 将局部水头损失系数的实测值与公认值和经验值进行比较，并分析误差产生原因。
3. 仔细观察流动图谱，加深对局部水头损失机理的理解。
4. 了解实验测量局部水头损失的一般思路和方法。

二、实验装置

局部水头损失实验装置如图 8-1 所示。该实验装置由实验平台系统、实验管路系统、压差测量系统组成。实验平台系统由自循环供水器、水泵、实验台、无级调速器、恒压水箱、溢流板、稳水孔板、流量调节阀、辅助连接管路等组成，提供溢流式恒定水头，流量连续可调。实验管路系统由三种不同直径有机玻璃圆管组成，直径分别为 D_1、D_2、D_3，标示于恒压水箱正面，上面布置 6 个测压管测点。压差测量系统由测压管、滑动测量尺、连接软管等组成。

实验管道由小 → 大 → 小三种已知管径的管道组成，测点 1~3 用来测量突扩局部水头损失系数，用了三个测点，称为三点法。测点 3~6 用来测量突缩局部水头损失系数，用了四个测点，称为四点法。其中测点 1 位于突扩界面处，用以测量小管出口端压强值。

6 个测点和测压板的 6 个测压管用透明软管——对应连接，当连接测点和测压板的软管内充满连续的液体时，测点的压力就可以在测压管上准确地反映出来。待测压管水面稳定下来后，通过滑动测量尺就可以测记测点的测压管水头值。

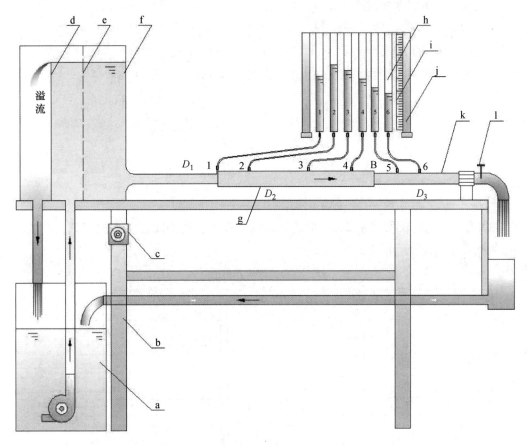

a—自循环供水器；b—实验台；c—无级调速器；d—溢流板；e—稳水孔板；f—恒压水箱；g—突扩实验管段；
h—测压管；i—滑动测量尺；j—测压板；k—突缩实验管段；l—泄水阀；1～6—测压管。

图 8-1 局部水头损失实验装置

三、实验原理

1. 沿程水头损失的表现形式及其与长度的关系

（1）沿程水头损失的表现形式。

沿程水头损失以 h_f 表示。一个截面的总水头是一个相对量，与参考线位置选取有关，由位置水头、压能水头、速度水头三项构成。图 8-2 中 i—i 截面的总水头为

$$H_i = Z_i + \frac{p_i}{\rho g} + \frac{v_i^2}{2g} \tag{8-1}$$

式中 H_i——i—i 截面的总水头；

Z_i——i 点的位置水头；

p_i——i 点的压能；

v_i——i 点所在截面的平均流速；

ρ——流体的密度；

g——重力加速度。

那么 1—i 流段的沿程水头损失 $h_{f(1-i)}$ 为式（8-2）。参见图 8-3。

$$
\begin{aligned}
h_{f(1-i)} &= \left(Z_1 + \frac{p_1}{\rho g} + \frac{v_1^2}{2g} \right) - \left(Z_i + \frac{p_i}{\rho g} + \frac{v_i^2}{2g} \right) \\
&= \left(Z_1 + \frac{p_1}{\rho g} \right) - \left(Z_i + \frac{p_i}{\rho g} \right) \\
&= h_1 - h_2 \\
&= \Delta h
\end{aligned}
\tag{8-2}
$$

因为是均匀管，所以 $v_1 = v_i$，可见沿程水头损失体现为压能水头的降低，在数值上为测点间的测压管水头之差。

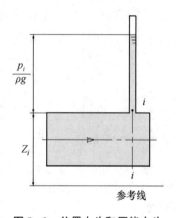

图 8-2 位置水头和压能水头

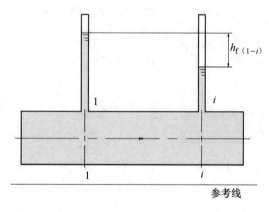

图 8-3 沿程水头损失

（2）沿程水头损失与长度的关系。

达西公式

$$
h_f = \lambda \frac{L}{d} \frac{v^2}{2g}
\tag{8-3}
$$

式中 h_f——沿程水头损失；

λ——沿程阻力系数；

L——管路长度；

d——管路内径；

v——管内平均流速。

由式（8-3）可知，在某一恒定流量下，沿程阻力系数 λ 恒定，流速 v 是一定

的，直径 d 不变，沿程水头损失 h_f 与管路长度 L 成正比，即

$$h_f = \lambda \frac{L}{d} \frac{v^2}{2g} = kL \tag{8-4}$$

$$k = \lambda \frac{v^2}{2dg} \tag{8-5}$$

2. 前断面和后断面

突扩和突缩的工程背景来自输送液体管路的变换直径连接部位，俗称变径部位，如四分管变成六分管就是突扩，而六分管变成四分管就是突缩。我们把组合的管路拆开，将突扩和突缩的前断面和后断面标于图 8-4 中。突扩前断面和后断面实际是一个几何面的两个不同物理面，这就是一种模型化，是建模的需要。

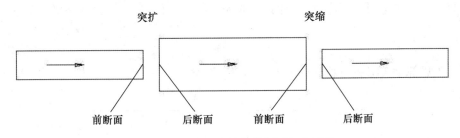

图 8-4　突扩和突缩的前断面和后断面

3. 三点法计算突扩局部水头损失

如图 8-5 所示，采用三点法计算突扩局部水头损失，沿程水头损失 $h_{f(1-2)}$ 由 $h_{f(2-3)}$ 换算得出。选取参考线，由以下公式推算。

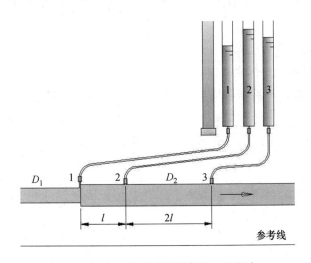

图 8-5　三点法计算突扩局部水头损失

突扩局部水头损失 h_{je} 为

$$h_{je} = \left(Z_1 + \frac{p_1}{\rho_1 g} + \frac{v_1^2}{2g}\right) - \left[\left(Z_2 + \frac{p_2}{\rho_2 g} + \frac{v_2^2}{2g}\right) + h_{f(1-2)}\right]$$

$$= \left[\left(Z_1 + \frac{p_1}{\rho_1 g}\right) + \frac{v_1^2}{2g}\right] - \left[\left(Z_2 + \frac{p_2}{\rho_2 g}\right) + \frac{v_2^2}{2g} + \frac{1}{2}(h_2 - h_3)\right]$$

$$= \left(h_1 + \frac{v_1^2}{2g}\right) - \left[\left(h_2 + \frac{v_2^2}{2g}\right) + \frac{1}{2}(h_2 - h_3)\right] \quad (8-6)$$

突扩局部水头损失系数 ζ_e 为

$$\zeta_e = h_{je} \bigg/ \left(\frac{v_1^2}{2g}\right) \quad (8-7)$$

突扩局部水头损失理论值 h'_{je} 计算公式为

$$h'_{je} = \zeta'_e \frac{v_1^2}{2g} \quad (8-8)$$

突扩局部水头损失系数理论值 ζ'_e 计算公式为

$$\zeta'_e = \left(1 - \frac{A_1}{A_2}\right)^2 \quad (8-9)$$

在上述公式中：

h_{je}、ζ_e、h'_{je}、ζ'_e 分别为突扩局部水头损失、突扩局部水头损失系数、突扩局部水头损失理论值、突扩局部水头损失系数理论值；

Z_1、p_1、v_1 分别为测点 1 所在截面的位置、压能、截面平均速度；

Z_2、p_2、v_2 分别为测点 2 所在截面的位置、压能、截面平均速度；

$h_{f(1-2)}$ 为测点 1、2 间的沿程水头损失，h_1、h_2、h_3 分别为测点 1、2、3 处的测压管水头；

A_1、A_2 分别为测点 1、2 处的横截面积。

4. 四点法计算突缩局部水头损失

突缩时，因前断面和后断面均有漩涡产生，压力变化不稳定，前后断面均不适合安装测点，突缩计算测点布置如图 8-6 所示，B 点为突缩点，沿程水头损失 $h_{f(4-B)}$ 由 $h_{f(3-4)}$ 换算得出，$h_{f(B-5)}$ 由 $h_{f(5-6)}$ 换算得出。选取参考线，由以下公式推算。

突缩局部水头损失 h_{js} 为

$$h_{js} = \left(Z_4 + \frac{p_4}{\rho g} + \frac{v_4^2}{2g} - h_{f(4-B)}\right) - \left(Z_5 + \frac{p_5}{\rho g} + \frac{v_5^2}{2g} + h_{f(B-5)}\right)$$

$$= \left[h_4 + \frac{v_4^2}{2g} - \frac{1}{2}(h_3 - h_4)\right] - \left[h_5 + \frac{v_5^2}{2g} + (h_5 - h_6)\right] \quad (8-10)$$

突缩局部水头损失系数 ζ_s 为

$$\zeta_s = h_{js} \bigg/ \left(\frac{v_5^2}{2g}\right) \quad (8-11)$$

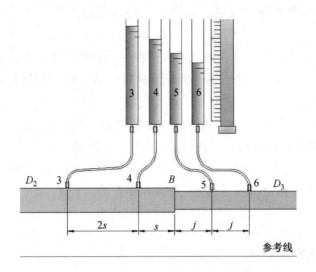

图 8-6　四点法计算突缩局部水头损失

突缩局部水头损失经验值 h'_{js} 计算公式为

$$h'_{js} = \zeta'_s \frac{v_5^2}{2g} \tag{8-12}$$

突缩局部水头损失系数经验值 ζ'_s 计算公式为

$$\zeta'_s = 0.5\left(1 - \frac{A_5}{A_3}\right) \tag{8-13}$$

在上述公式中：

h_{js}、ζ_s、h'_{js}、ζ'_s 分别为突缩局部水头损失、突缩局部水头损失系数、突缩局部水头损失经验值、突缩局部水头损失系数经验值；

Z_4、p_4、v_4 分别为测点 4 所在截面的位置水头、压能、截面平均速度；

Z_5、p_5、v_5 分别为测点 5 所在截面的位置水头、压能、截面平均速度；

$h_{f(4-B)}$ 为测点 4、B 间的沿程水头损失；

$h_{f(B-5)}$ 为测点 B、5 间的沿程水头损失；

h_3、h_4、h_5、h_6 分别为测点 3、4、5、6 处的测压管水头；

A_5、A_6 分别为测点 5、6 处的横截面积。

注意突扩局部水头损失有理论值计算公式，突缩局部水头损失没有理论值计算公式，式（8-12）和式（8-13）仅为经验值计算公式。

四、实验方法与步骤

1. 测记实验有关常数。

2. 打开无级调速器开关，使恒压水箱充水，排除实验管道中的滞留气体。待水箱溢流后，检查泄水阀全关时，各测压管液面是否齐平，若不齐平，则需排气调平。

3. 打开泄水阀至最大开度。这个最大开度，是指测压管最低水位水面也在滑动测量尺测量范围内。待流量稳定后，测记测压管读数，同时用体积法或电测法测记流量。

4. 改变泄水阀开度 7～8 次，分别测记测压管读数及流量，注意测压管液面应充分稳定，否则小流量时误差很大（请同学们自行分析原因）。

5. 实验完成后关闭泄水阀，检查测压管液面是否齐平，若不齐平，则需重做。

6. 注意每调节一次流量都要等测压管水面稳定后再读数，并注意相同管径测压管读数的规律。

五、实验结果及要求

1. 记录、计算有关常数。

实验装置台号 No. _____

$D_1 = $ _____ cm，$D_2 = D_3 = D_4 = $ _____ cm，$D_5 = D_6 = $ _____ cm，

$l_{1-2} = 12$ cm，$l_{2-3} = 24$ cm，$l_{3-4} = 12$ cm，$l_{4-B} = 6$ cm，$l_{B-5} = 6$ cm，$l_{5-6} = 6$ cm，

$\zeta'_e = \left(1 - \dfrac{A_1}{A_2}\right)^2 = $ _____，$\zeta'_s = 0.5\left(1 - \dfrac{A_5}{A_3}\right) = $ _____。

2. 整理记录表、计算表。

将数据填入表 8-1 至表 8-3。在表 8-2 中，$H_{前}$ 为前断面总水头，$H_{后}$ 为后断面总水头。

3. 将实测 ζ 值与理论值（突扩）和公认值（突缩）进行比较。

表 8-1　局部水头损失实验数据记录表

次序	体积/cm³	时间/s	流量/(cm³/s)	测压管读数/cm					
				1	2	3	4	5	6
1									
2									
3									
4									

表8-2 局部水头损失实验数据计算表（突扩）

次数	阻力形式	流量/(cm^3/s)	前断面		后断面		h_{je}/cm	ζ_e	h'_{je}/cm	ζ'_e
			$\dfrac{v_1^2}{2g}$/cm	$H_前$/cm	$\dfrac{v_2^2}{2g}$/cm	$H_后$/cm				
1	突扩									
2										
3										
4										

表8-3 局部水头损失实验数据计算表（突缩）

次数	阻力形式	流量/(cm^3/s)	前断面		后断面		h_{js}/cm	ζ_s	h'_{js}/cm	ζ'_s
			$\dfrac{v_4^2}{2g}$/cm	$H_前$/cm	$\dfrac{v_5^2}{2g}$/cm	$H_后$/cm				
1	突缩									
2										
3										
4										

六、实验分析与讨论

1. 结合实验结果，分析比较突扩与突缩在相应条件下的局部水头损失大小关系。

2. 结合流动仪显示的水力现象，分析局部水头损失机理。产生突扩局部水头损失与突缩局部水头损失的主要部位在哪里？怎样减小局部水头损失？

3. 现备有一段长度及连接方式与泄水阀（图8-1中）相同，内径与本实验管道相同的直管段，如何用两点法测量阀门的局部水头损失？写出计算公式。

4. 图8-7是某校大学生在科技创新活动中设计的发动机布置示意图，即在排污口安装发电机回收多余能量。试设计测点计算发电机产生的局部水头损失，写出计算公式。

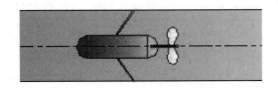

图8-7 发电机布置示意图

5. 局部水头损失种类繁多，大部分不能用理论方法计算，需要用实验求得。根据本章内容总结出通过实验计算局部水头损失的一般方法和思路。

第九章　沿程水头损失实验

一、实验目的与要求

1. 加深了解圆管层流和湍流的沿程水头损失随平均流速变化的规律，绘制 $\lg v$-$\lg h_{\mathrm{f}}$ 曲线。

2. 掌握管道沿程阻力系数的测量技术和应用气-水压差计及电测仪测量压差的方法。

二、实验装置

沿程水头损失实验装置如图9-1所示。

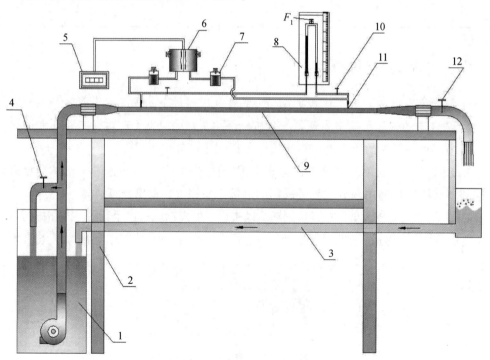

1—恒压自动供水器（总成）；2—实验台；3—回水管；4—旁通阀；5—显示表头；
6—电测仪；7—稳压罐；8—压差计；9—实验管道；10—截止阀；11—测点；12—流量调节阀。

图9-1　沿程水头损失实验装置

沿程水头损失实验装置主要由实验平台、实验管路和压差测量系统三部分构成。实验平台为管路系统提供压力补偿式恒定水头，由恒压自动供水器、旁通管与旁通阀、储水箱等组成。实验管路由内径为 d、长度为 l 的均匀不锈钢管构成，其具体数值标示于水箱正面，上面布置 2 个测点。压差测量系统由两组并列压差测量装置组成——压差计和电测仪，根据压差大小不同，分别使用不同测量装置。两套装置相互独立，都用于测量两个测点间的压差。小压差用压差计测量，大压差用电测仪测量。电测仪量程大，测量小压差精度不够，因此尽可能用压差计多测量几点，直到超出压差计测量量程，再改用电测仪。下面介绍几个主要部件的功用特征。

1. 恒压自动供水器

恒压自动供水器由离心泵、自动压力开关、气-水压力罐式稳压器等组成。压力超高时能自动停机，压力过低时能自动开机。为避免因水泵直接向实验管道供水而造成压力波动等影响，水泵输出的水是先进入稳压器的压力桶，经稳压后再送入实验管道。

2. 旁通管与旁通阀

由于本实验装置所采用水泵的特性，在供水流量较小时有可能时开时停，从而造成供水压力有较大波动。为了避免这种情况出现，供水器设有与蓄水箱直通的旁通管（图 9-1 中未标出），通过旁通管分流可使水泵持续稳定运行。旁通管中设有用于调节分流量至蓄水箱的阀门，即旁通阀，实验流量随旁通阀开度减小（分流量减小）而增大。旁通阀是本实验装置中用以调节流量的重要阀门之一。

3. 稳压罐及压力转换器

为了简化管路系统排气，并防止实验中再进气，在传感器前连接 2 只充水不满顶的密封立罐，称之为稳压罐，可以有效消除管路中的压力波动。压力转换器的主要功能是把测点压差转变成电子信号输出。实验前一般要进行线性标定，即根据压差与输出电信号成正比例关系，求出比例系数 K。关于压力转换器的标定将另外专门介绍，这也是流体力学实验的重要知识。

4. 电测仪

电测仪由压力传感器和主机两部分组成。经由连通管将其接入测点。压差读数（以厘米水柱为单位）通过表头显示。

三、实验原理

1. 沿程水头损失的表现形式

沿程水头损失以 h_f 表示。一个截面的总水头是一个相对量，与参考线位置选取有

关，包括位置水头、压能水头、速度水头三项。如图 9-2 所示，i—i 截面的总水头为

$$H_i = Z_i + \frac{p_i}{\rho g} + \frac{v_i^2}{2g}$$ (9-1)

式中 H_i——i—i 截面的总水头；

   Z_i——i 点的位置水头；

   p_i——i 点的压能；

   v_i——i 点所在截面的平均流速；

   ρ——流体的密度；

   g——重力加速度。

那么 1—i 流段的沿程水头损失 $h_{f(1-i)}$ 为

$$
\begin{aligned}
h_{f(1-i)} &= \left(Z_1 + \frac{p_1}{\rho g} + \frac{v_1^2}{2g}\right) - \left(Z_i + \frac{p_i}{\rho g} + \frac{v_i^2}{2g}\right) \\
&= \left(Z_1 + \frac{p_1}{\rho g}\right) - \left(Z_i + \frac{p_i}{\rho g}\right) \\
&= h_1 - h_i = \Delta h
\end{aligned}
$$ (9-2)

因为是均匀管，所以 $v_1 = v_i$，可见沿程水头损失体现为压能水头的降低，在数值上为测点间的测压管水头之差。参见图 9-3。

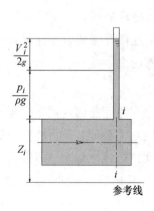

图 9-2 位置水头和压能水头

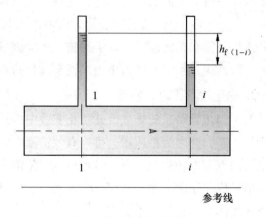

图 9-3 沿程水头损失

2. 计算沿程水头损失系数

由达西公式 $$h_f = \lambda \frac{L}{d} \frac{V^2}{2g}$$ (9-3)

得
$$
\begin{cases}
\lambda = \dfrac{2gdh_f}{L} \dfrac{1}{V^2} = \dfrac{2gdh_f}{L}\left(\dfrac{\pi}{4}d^2/Q\right)^2 = K\dfrac{h_f}{Q^2} \\
K = \pi^2 g d^5/8L
\end{cases}
$$ (9-4)

式中，λ——沿程水头损失系数；

h_f——沿程水头损失；

L——测量段长度；

d——圆管内径；

V——圆管内截面平均流速；

Q——流量；

g——重力加速度

沿程水头损失 h_f 就是两个测点之间的压差，可用压差计和电测仪测量。由此就可以计算出沿程水头损失系数 λ。

四、实验方法与步骤

对照装置图和说明，熟悉各组成部件的名称、作用及工作原理；记录有关实验常数：实验管路内径 d 和长度 L（标于水箱正面）。

启动恒压自动供水器。本供水装置采用的是自动水泵，接通电源，全开旁通阀 4，水泵自动开启供水。

调好测量系统，包括压差计和电测仪。

1. 夹紧压差计止水夹，打开流量调节阀 12，关闭旁通阀 4，启动水泵排除管道中的气体。

2. 全开旁通阀 4，调小流量调节阀 12，松开压差计止水夹，并旋松压差计的旋塞 F_1，排除压差计中的气体。随后，调大流量调节阀 12，使压差计右管液面降至标尺零指示附近，随即旋紧 F_1。关闭流量调节阀 12，稍候片刻检查水压计是否齐平，如不齐平则需重调。

3. 压差计液面齐平时，则可旋开电测仪排气旋扭，对电测仪的连接水管通水、排气，并将电测仪调至"000"显示。

4. 实验装置通水、排气后，即可进行实验测量。在旁通阀 4 全开的前提下，逐次调大流量调节阀 12，每次调节流量时，均需稳定 2～3 min，流量越小，稳定时间越长；测流量时间为 8～10 s；测流量的同时，需测记压差计（或电测仪）、温度计（温度计应挂在水箱中）等读数，将数据填入表 9-1。

5. 压差（沿程水头损失）选取范围。

层流段：夏季应在压差计 $\Delta h \approx 20$ mmH$_2$O，冬季 $\Delta h \approx 30$ mmH$_2$O。层流段至少测量 3～4 个点。

湍流段：测量完层流范围内的点就可以进入湍流段测量，每次增量可按 $\Delta h \approx 100$ cmH$_2$O 递加，直至测量出最大的 h_f 值。当压差超出压差计范围，可用电测仪记录 h_f 值，阀的操作次序是当流量调节阀 12 开至最大后，逐渐关闭旁通阀 4，直至 h_f 显示最大值。

6. 结束实验前，应全开旁通阀 4，关闭流量调节阀 12，检查压差计与电测仪是否指示为零，若均为零，则切断电源。否则，表明压差计已进气，需重做实验。

五、实验结果与要求

1. 记录有关常数。

实验装置台号 No. _____。

圆管直径 $d =$ ____ cm，量测段长度 $L =$ ____ cm。

2. 记录及计算，将结果填入表 9-1。

表 9-1　沿程水头损失实验数据测计表

测次	体积/ cm³	时间/ s	流量 Q/ (cm³/s)	流速/v (cm/s)	水温/ ℃	黏度/ν/ (cm²/s)	雷诺数 Re	比压计/电测仪数	沿程水头损失 h_f	沿程水头损失系数 λ $Re > 2\,320$ $\lambda = \dfrac{2gdh_f}{Lv^2}$	沿程水头损失系数 λ $Re \leqslant 2\,320$ $\lambda = 64/Re$
										—	
										—	
										—	
										—	
									—			—
									—			—
									—			—
									—			—
									—			—
									—			—
									—			—

3. 绘图分析：绘制 $\lg v - \lg h_f$ 的关系曲线，并确定指数关系值 m 的大小。在坐标纸上以 $\lg v$ 为横坐标，以 $\lg h_f$ 为纵坐标，绘制所测 $\lg v - \lg h_f$ 的关系曲线，根据具体情况连成一段或几段直线。求坐标纸纸上直线的斜率：

$$m = \frac{\lg h_{f2} - \lg h_{f1}}{\lg v_2 - \lg v_1} \tag{9-5}$$

将从图上求得的 m 值与已知各流区的 m 值（即层流区 $m=1$，湍流光滑区 $m=1.75$，湍流粗糙区 $m=2$，湍流过渡区 $1.75<m<2$）进行比较，确定实验流区。

六、实验分析与讨论

1. 为什么压差计的水柱差就是沿程水头损失？如实验管道安装成倾斜状，是否影响实验结果？画图分析。

2. 据实测 m 值判别本实验所处的流区。

3. 实际工程中，钢管内的液体流动大多处于湍流光滑区或湍流过渡区；而水电站泄洪洞的液体流动，大多处于湍流粗糙区，其原因是什么？

4. 如何测得管道的当量粗糙度？

5. 绘制 $\lg v - \lg h_f$ 的关系曲线，分析并理解圆管层流和紊流的沿程水头损失随平均流速度化的规律。

第十章 孔口与管嘴出流实验

一、实验目的与要求

1. 掌握孔口与管嘴出流的流速系数、流量系数、侧收缩系数、局部阻力系数的测量技能。

2. 通过对不同类型管嘴与孔口的流量系数测量分析，了解进口形状对出流能力的影响及相关水力要素对孔口出流能力的影响。

二、实验装置

孔口与管嘴出流实验装置如图10-1所示。

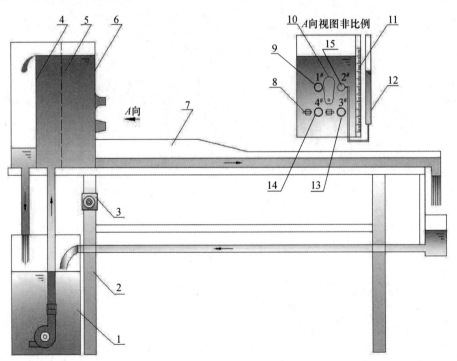

1—自循环供水器；2—实验台；3—无级调速器；4—溢流板；5—稳水孔板；6—恒压水箱；
7—上回水槽；8—移动触头；9—圆角形管嘴；10—防溅旋板；11—标尺；
12—测压管；13—圆锥形管嘴；14—孔口；15—直角形管嘴。

图10-1 孔口与管嘴出流实验装置

在容器壁上开孔，流体经过孔口流出的流动现象就称为孔口出流，当孔口直径 $d \leq 0.1H$（H 为孔口作用水头）时称为薄壁圆形小孔口出流。在孔口周界上连接一长度为孔口直径 $3 \sim 4$ 倍的短管，这样的短管称为圆柱形外管嘴。流体流经该短管，并在出口断面形成满管流的流动现象叫作管嘴出流。孔口与管嘴的几何形状如图 10-2 所示。

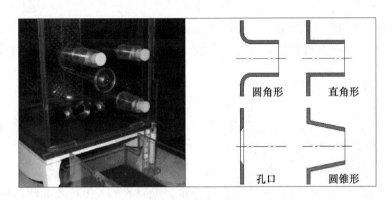

圆角形　　直角形

孔口　　圆锥形

图 10-2　孔口与管嘴的几何形状

测压管 12 和标尺 11 用于测量水箱水位、孔口管嘴的位置高程及直角进口管嘴的真空度。防溅旋板 10 用于管嘴的转换操作，当某一管嘴实验结束时，将防溅旋板 10 旋至进口截断水流，再用橡皮塞封口；当需要开启时，先用防溅旋板 10 挡水，再打开橡皮塞，这样可防止水花四溅。移动触头 8 位于孔口射流收缩断面上，可水平向伸缩，当两个触块分别调节至射流两侧外缘时，将螺丝固定，然后用游标卡尺测量两触块之间的间距，即为射流收缩断面直径。本设备还能演示明槽水跃。

三、实验原理

在一定水头 H_0 作用下，薄壁小孔口或管嘴自由出流时的流量，可用下式计算：

$$Q = \phi \varepsilon A \sqrt{2gH_0} = \mu A \sqrt{2gH_0} \qquad (10-1)$$

式中，$H_0 = H + \dfrac{\alpha u_0^2}{2g}$，一般因行近流速水头 $\dfrac{\alpha u_0^2}{2g}$ 很小，可忽略不计，所以，$H_0 = H$。

（1）流量系数 μ

$$\mu = \frac{Q}{A \sqrt{2gH_0}} \qquad (10-2)$$

（2）收缩系数 ε

$$\varepsilon = \frac{A_c}{A} = \frac{d_c^2}{d^2} \qquad (10-3)$$

（3）流速系数 ϕ

$$\phi = \frac{V_c}{\sqrt{2gH_0}} = \frac{\mu}{\varepsilon} = \frac{1}{\sqrt{1+\zeta}} \qquad (10-4)$$

（4）阻力系数 ζ

$$\zeta = \frac{1}{\phi^2} - 1 \qquad (10-5)$$

上组公式中，H_0 为管嘴或孔口的作用水头，ε 为收缩系数，A_c 和 d_c 分别为收缩水流断面的横截面积和直径，ϕ 为流速系数，μ 为流量系数，ζ 为局部阻力系数。

四、实验方法与步骤

1. 特别注意，实验完成后擦净实验台上的积水。本实验易发生洒水外溢等情况，应注意安全，湿手不要接触电源。

2. 记录各实验常数，开机前各孔口管嘴用橡皮塞塞紧。

3. 打开无级调速器开关，使恒压水箱充水，至溢流后，再打开 1# 圆角形管嘴，待水面稳定后，测记水箱水面高程标尺读数 H_1，测定流量 Q，要求重复测量三次，时间尽量长些，以求准确。测量完毕后，先旋转水箱内的旋板，将 1# 圆角形管嘴进口盖好，再塞紧橡皮塞。

4. 依照上述方法，打开 2# 直角形管嘴，测记水箱水面高程标尺读数 H_1 及流量 Q，观察和测量直角形管嘴出流时的真空情况。

5. 依次打开 3# 圆锥形管嘴，测定 H_1 及 Q。

6. 打开 4# 孔口，观察孔口出流现象，测定 H_1 及 Q，并按下述步骤 8 的方法测记孔口收缩断面的直径（重复测量三次）。然后改变孔口出流的作用水头（可减少进口流量），观察孔口收缩断面直径随水头变化的情况。

7. 关闭电源开关，清理实验台及场地。

8. 注意事项：

（1）实验顺序是先管嘴后孔口。每次塞橡皮塞前，先用旋板将进口盖住，以免水花溅开。

（2）测量收缩断面直径，可用孔口两边的移动触头。首先松动螺丝，先移动一边触头将其与水股切向接触，并旋紧螺丝，再移动另一边触头，使之与水股切向接触，并旋紧螺丝，再将旋板开关顺时针方向旋转关上孔口，用卡尺测量触头间距，即为射流直径。实验时将旋板置于工作的孔口（或管嘴）上，尽量减少旋板对工作孔口、管嘴的干扰。

（3）进行以上实验时，注意观察各出流的流股形态，并做好记录。

五、实验结果与要求

1. 记录有关常数。

实验装置台号 No. _____。

圆角形管嘴 d_1 = ____ cm，　出口高程读数 $Z_1 = Z_2$ = ____ cm；

直角形管嘴 d_2 = ____ cm；

圆锥形管嘴 d_3 = ____ cm，　出口高程读数 $Z_3 = Z_4$ = ____ cm；

孔口 d_4 = ____ cm。

2. 记录及计算，将结果填入表 10-1（仅填写阴影处空格）。

表 10-1　孔口与管嘴出流实验数据

分类项目	圆角形管嘴	直角形管嘴	圆锥形管嘴	孔口
水面读数 H_1/cm				
体积/cm³				
时间/s				
流量 Q/(cm³/s)				
水头 H_0/cm				
面积 A/cm²				
流量系数 μ				
测压管读数 H_2/cm				
真空度 H_V/cm				
收缩直径 d_c/cm				
收缩断面 A_c/cm²				
收缩系数 ε				
流速系数 ϕ				
局部阻力系数 ζ				
流股形态				

注：流股形态有①光滑圆柱；②紊散；③圆柱形麻花状扭变；④具有侧收缩光滑圆柱；⑤其他形状。

高程为相对于同一参考基准面高度，可参见第三章伯努利能量方程实验相关阅读。

六、实验分析与讨论

1. 结合观测到的不同类型管嘴与孔口出流的流股特征，分析流量系数不同的原因及增大过流能力的途径。

2. 当 $d/H>0.1$ 时，孔口出流的侧收缩率较 $d/H<0.1$ 时有何不同？

3. 为什么在相同作用水头和直径的条件下，直角形管嘴的流量系数 μ 值比孔口的大、圆锥形管嘴的流量系数 μ 值比直角形管嘴的大？

4. 有压隧洞的孔板式泄洪消能，如黄河小浪底水力发电站，在有压隧洞中设置了五道孔板式消能工，使泄洪的余能在有压隧洞中消耗，从而解决了泄洪洞出口缺乏消能条件时的工程问题。试分析其消能机理。

第十一章　平板边界层实验

一、实验目的与要求

1. 通过实验证实，当黏性流体绕物体流动时，靠近物体壁面处有边界层存在，从而进一步加深对边界层基本特性的理解。

2. 测定平板边界层的速度分布，并绘制速度分布图。

3. 测定并绘制平板边界层厚度沿流动方向的变化曲线。

二、实验装置

平板边界层实验装置如图 11-1 所示，此图非严格比例图。

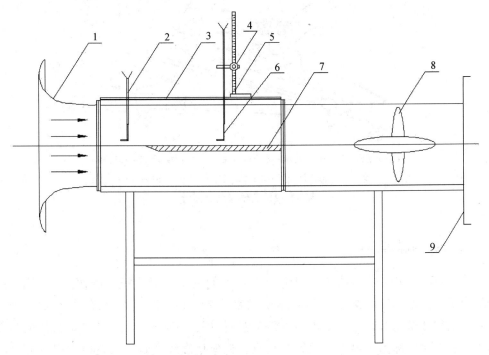

1—风洞；2—流场用标准风速管；3—水平轨道兼标尺；4—高度调节钮；

5—垂向滑杆兼千分尺；6—边界层专用风速管；7—平板；8—轴流风机；9—风速调节门。

图 11-1　平板边界层实验装置

实验风洞为直筒开式风洞。它由一台风机将空气吸入，经过收敛段、工作段、过渡段，最后排入大气。在工作段内可得到平行均匀的气流。调节风机出口的风门，可以改变流场速度 u_∞。

在工作段内装有一根流场速度标准毕托管测针，可以测得流场速度 u_∞。

实验时，在风洞的工作段内装入一块带有尖劈的光滑平板，其长度为 $l = 500$ mm，且平板与上壁面平行。在工作段上壁面处安装带标尺的导轨，由高度尺、千分尺及底座组合改制的坐标器可在导轨上沿工作段做水平移动，通过旋钮和千分尺调节螺丝，可使坐标器垂向移动。把边界层速度测针装在坐标器上，这样，此速度测针可以在工作段内做上下、左右移动，它的空间位置可以在带有刻度的标尺上读出。

边界层速度测针是由两根测压管组合而成，由于边界层厚度很小，为了减小测针对原流场的影响，将总压测压管做成扁平状，通过软管连接到倾斜微压计上，根据倾斜微压计测压管测得数据，再利用相应公式即可求得测点流速。实验通常使用酒精倾斜微压计，酒精倾斜微压计如图 11-2 所示。

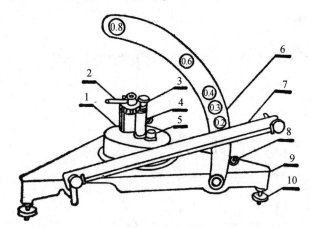

1—酒精库；2—阀门柄；3—零位调节阀；4—多项接头；5—加液孔；
6—弧形架；7—倾斜测压管；8—水平泡；9—底板；10—调节螺丝。

图 11-2　酒精倾斜微压计

三、实验原理

1904 年，普朗特在一次数学讨论会上宣读的论文《具有很小摩擦的流体运动》中提出了边界层理论。普朗特通过理论研究和实验，将绕固体流动的流体分成两个区域：一是固体壁面附近的一薄层，摩擦起主导作用，流速梯度大，需考虑流体的黏性作用，这一薄层称为边界层，边界层内流速近似呈直线变化；二是边界层以外的区域，摩擦可以忽略不计，可视为理想流体流动。

平板边界层厚度与流态的变化如图 11-3 所示，边界层中的流体有两种类型，在边界层的前部，边界层厚度较小，流速梯度大，边界层中流动的是层流，称为层流边

界层；经过一个过渡区后，层流变为湍流，形成湍流边界层。即在边界层内存在类似的临界雷诺数概念，边界层的雷诺数通常写作

$$Re_x = \frac{u_0 x}{\nu} \tag{11-1}$$

式中　u_0——边界层外势流主流的流速；

　　　x——实验平板前缘到测点的距离。

实验证明，临界雷诺数不是固定值，它与边界层外势流湍流度及平板粗糙度等有关，平板的临界雷诺数为 $10^5 \sim 3 \times 10^6$。

由于边界层内流速降低，边界层内通过的流量减少，但各截面流量是连续的，减少的流量势必挤入边界层外部，迫使边界层外部的流线向外移动一定的距离，这个距离称为边界层的位移厚度，用 δ_1 表示。由于位移厚度的影响，实际上 $u_0 > u_\infty$，并且每个截面 u_0 也不同，但由于本实验中位移厚度很小，故近似取 $u_0 = u_\infty$。本章公式计算及实验数据处理都按 $u_0 = u_\infty$，如边界层厚度线上点值 $0.99 u_0 = 0.99 u_\infty$。

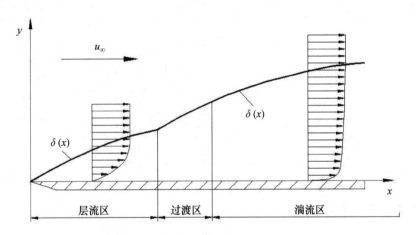

图 11-3　平板边界层厚度与流态的变化

一般将平板边界外法线上 $u_x = 0.99 u_0$ 处对应的厚度 δ 称为边界层厚度，将边界层各个横断面上的速度为主流速度99％的点连接起来，即为沿平板长度方向边界层的厚度线，如图11-3所示，一般边界层厚度随平板长度增加而逐渐增加。

边界层的位移厚度 δ_1、动量损失厚度 δ_2、动能损失厚度 δ_3 的计算公式如下：

$$\delta_1 = \int_0^\delta \left(1 - \frac{u_x}{u_0}\right) \mathrm{d}y \tag{11-2}$$

$$\delta_2 = \int_0^\delta \left(1 - \frac{u_x}{u_0}\right)\frac{u_x}{u_0} \mathrm{d}y \tag{11-3}$$

$$\delta_3 = \int_0^\delta \left(1 - \frac{u_x^2}{u_0^2}\right)\frac{u_x}{u_0} \mathrm{d}y \tag{11-4}$$

边界层几种厚度的计算公式介绍如下：

（1）层流边界层，布拉休斯的理论解为

$$\delta = \frac{5x}{\sqrt{Re_x}} \tag{11-5}$$

$$\delta_1 = \frac{1.72x}{\sqrt{Re_x}} \tag{11-6}$$

$$\delta_2 = \frac{0.664x}{\sqrt{Re_x}} \tag{11-7}$$

（2）湍流边界层，目前没有完全的理论解，根据实验资料，平板湍流边界层的流速分布可用 $1/n$ 定律近似地描述为

$$\frac{u_x}{u_0} = \left(\frac{y}{\delta}\right)^{1/n} \tag{11-8}$$

当 $5 \times 10^5 < Re_x < 10^7$ 时，可取 $n=7$。七分之一定律对应的平板湍流边界层几种厚度计算公式为

$$\delta = \frac{0.37x}{Re_x^{0.2}} \tag{11-9}$$

$$\delta_1 = \frac{\delta}{1+n} = \frac{\delta}{8} \tag{11-10}$$

$$\delta_2 = \frac{n\delta}{(1+n)(2+n)} = \frac{7\delta}{72} \tag{11-11}$$

$$\delta_3 = \frac{2n\delta}{(1+n)(3+n)} = \frac{7\delta}{40} \tag{11-12}$$

边界层专用风速管是由两根测压管组合而成，连接倾斜微压计，可测得离平板表面某一距离 y 处的速度 u_x 为

$$u_x = \sqrt{2g\frac{\gamma_{乙醇}}{\gamma_{空气}}\Delta h \sin\theta} \tag{11-13}$$

式中，Δh 为倾斜微压计总压管和静压管液柱差。

四、实验方法与步骤

1. 熟悉实验设备各部分的作用与调节方法。
2. 检查各测压管内是否有气泡，若有气泡应予排出。
3. 将边界层风速管与倾斜微压计的两端相连，以便测得边界层内各点的气流速度。
4. 开启风机，将来流风速调整到 30 m/s（$u_\infty = 30$ m/s）。
5. 水平移动安装好风速管的坐标器，使测点距平板前缘点的距离为 $x = 3\%L$，旋转高度调节旋钮，微调螺旋测微器（千分尺）螺丝，使边界层专用风速管轻轻地与平板接触，记下初始高度位置，用千分尺读数，并记下两根测压管读数。然后将边界层风速

管位置逐渐升高，每隔0.1～0.5 mm测量一次（边界层较薄时，距离间隔取0.1 mm，边界层较厚时距离间隔可取大一些），直到边界层风速管的读数达到最大且不变。

6. 分别将坐标器中风速管位置调到$x=6\%L$、$x=10\%L$、$x=20\%L$、$x=40\%L$ 和$x=60\%L$处，重复步骤5。一共测得沿x方向的6条速度分布曲线数据。

7. 实验完毕后，关闭风机。

五、实验结果与要求

1. 计算各测点流速并填入表11-1。

2. 绘制断面流速分布曲线。

3. 计算$0.99u_0$值（即$0.99u_\infty$值），在各流速分布图上确定边界层厚度δ_i（$i=1$，2，…，6），根据表11-1中数据绘制平板边界层厚度沿流动方向的变化曲线。

表11-1 平板边界层实验数据记录

已知数据：$\gamma_{乙醇}=7740$ N/m^3；$\gamma_{空气}=12.6$ N/m^3；微压计倾角$\theta=30°$

边界层风速管水平位置	序号	千分尺读数/mm	测点距平板距离y/mm	微压计读数/cm			测点流速u_x/(m/s)
				h_1	h_2	Δh	
$x=3\%L$	1						
	2						
	⋮						
$x=6\%L$	1						
	2						
	⋮						
$x=10\%L$	1						
	2						
	⋮						
$x=20\%L$	1						
	2						
	⋮						
$x=40\%L$	1						
	2						
	⋮						
$x=60\%L$	1						
	2						
	⋮						

六、实验分析与讨论

1. 如何确定边界层的厚度？

2. 什么是主流速度？什么是来流速度？在本实验中，为什么主流速度 u_0 和来流速度 u_∞ 不同？并说明 u_0 是 x 方向的函数的理由。

3. 根据本章中理论公式计算本实验条件下的层流、湍流边界层厚度 δ，并和实验测定值对比，分析产生误差的原因。

4. 什么是边界层理论？

第十二章　水面曲线实验

一、实验目的与要求

1. 观察棱柱体渠道中非均匀渐变流的 12 种水面曲线。
2. 掌握 12 种水面曲线的生成条件。
3. 观察边界条件对水面曲线的影响，加深对明渠水面曲线理论的理解。

二、实验装置

水面曲线实验装置如图 12-1 所示。

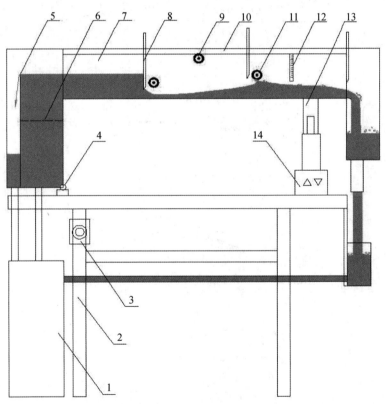

1—自循环供水器；2—实验台；3—无级调速器；4—变坡轴承；5—溢流板；6—稳水孔板；7—变坡水槽；
8—闸板；9—底坡水准泡；10—长度标尺；11—闸板锁紧轮；12—垂向滑尺；13—升降杆；14—升降机构。

图 12-1　水面曲线实验装置

为改变明槽底坡，以演示 12 种水面曲线，该实验装置配有新型高比速直齿电机驱动的升降机构 14，按下升降机构 14 的升降开关，变坡水槽 7 即绕变坡轴承 4 转动，从而改变水槽的底坡，坡度值由升降杆 13 的标尺值 ∇_z 和变坡轴承 4 与升降机上支点水平间距（L_0）算得，平坡可依底坡水准泡 9 判定，实验流量由无级调速器 3 调控，其值可用质量法或体积法测定，槽身设有两道闸板，用于调控上下游水位，以形成不同水面曲线。闸板锁紧轮 11 用以夹紧闸板，使其定位，水深由垂向滑尺 12 测量。

三、实验原理

如图 12-2 所示，12 种水面曲线分别产生于 5 种不同底坡：$i < i_c$、$i > i_c$、$i = i_c$、$i = 0$ 和 $i < 0$。实验时，必须先确定底坡性质，其中最关键的是测定平坡和临界坡。平坡可依据水准泡或升降标尺值判定。$N—N$ 线为正常水深线，$C—C$ 线为临界水深线，临界底坡应满足下列关系：

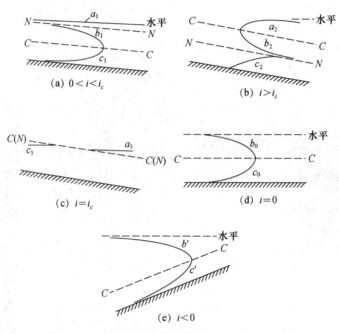

图 12-2 12 种水面曲线分别产生于 5 种不同底坡

$$i_c = \frac{gP_c}{\alpha C_c^2 B_c} \tag{12-1}$$

$$P_c = B_c + 2h_c \tag{12-2}$$

$$q = \frac{Q}{B_c} \tag{12-3}$$

$$h_c = \left(\frac{\alpha q^2}{g}\right)^{1/3} \tag{12-4}$$

$$C_c = \frac{1}{n} R_c^{1/6} \qquad (12-5)$$

$$R_c = \frac{B_c h_c}{B_c + 2h_c} \qquad (12-6)$$

上述公式中，P_c、C_c、B_c、h_c、q 和 R_c 分别为明槽临界流时的湿周系数、谢才系数、槽宽、水深、单宽流量和水力半径；n 为糙率。以上公式中长度的单位为 m，时间的单位为 s。

临界底坡确定后，保持流量不变，改变渠槽底坡，就可形成陡坡（$i > i_c$）、缓坡（$0 < i < i_c$）、平坡（$i = 0$）和逆坡（$i < 0$），分别在不同坡度下调节对应闸板开度（调节哪块闸板参见图 12-3）可得到不同形式的水面曲线。

四、实验方法与步骤

1. 测记设备有关常数。

2. 适当调节各闸板开度，避免阻滞水槽。开启水泵，调节无级调速器开关使供水量最大，待稳定后测量过槽流量，测两次，取其均值。

3. 根据式（12-1）至式（12-5），计算临界底坡 i_c、h_c 值。

4. 操纵升降机构至所需的高程读数，使槽底坡度 $i = i_c$，观察槽中临界流（均匀流）时的水面曲线。并校核槽内水深应与临界水深 h_c 接近，此时槽内应为临界流，然后插入闸板，观察闸前和闸后出现的 a_3 和 c_3 型水面曲线，并将曲线绘于记录纸上。

5. 操纵升降机构使槽底坡度出现 $i > i_c$（使底坡尽量陡些），插入闸板，调节开度，使渠道上同时呈现 a_2、b_2、c_2 型水面曲线，并绘于记录纸上。

6. 操纵升降机构，使槽中分别出现 $0 < i < i_c$（使底坡尽量接近于0）、$i = 0$ 和 $i < 0$，插入闸板，调节开度，使槽中分别出现相应的水面曲线，并绘在记录纸上。缓坡时，闸板开启适度，能同时呈现 a_1、b_1、c_1 型水面曲线。

7. 实验结束，关闭水泵。

注：在进行以上实验时，为了在一个底坡上同时呈现三种水面曲线，要求缓坡宜缓些，陡坡宜陡些，但注意不要超出标尺刻度，以免齿条脱开无法再啮合为原先状态，影响实验。卡紧螺丝、螺母均为有机玻璃制作，卡紧闸板时宜松紧适度，卡住闸板即可，以免损坏设备，影响实验。

五、实验结果与要求

1. 记录有关常数。

   $B = $ ____ cm，$n = 0.008$，$L_0 = $ ____ cm（两支点间距）。

2. 记录实验参数并计算，将结果填入表 12-1 和表 12-2。

表 12-1　测计流量

测　　次	体积 V/cm^3	时间 t/s	流量 $Q/(\text{cm}^3/\text{s})$
1			
2			
3			

表 12-2　计算临界底坡（以 **m、s** 为单位）　　　$\nabla_Z = $ _____ cm

$Q/$ (m^3/s)	h_c/m	A_c/m^2	P_c/m	R_c/m	$C_c/$ $(\text{m}^{\frac{1}{2}}/\text{s})$	B_c/m	i_c

3. 调节出 12 种水面曲线，待稳定后定性绘制 12 种水面曲线及其衔接情况，并注明线型。图 12-3 为 12 种水面曲线图，供参考。

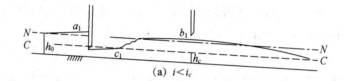

(a) $i < i_c$

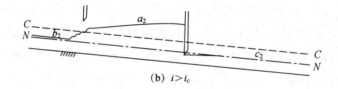

(b) $i > i_c$

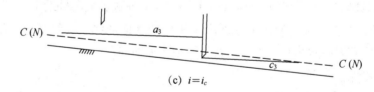

(c) $i = i_c$

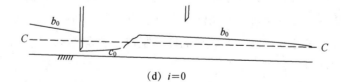

(d) $i = 0$

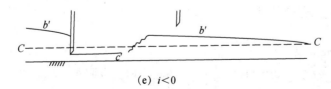

(e) $i < 0$

图 12-3　12 种水面曲线

六、实验分析与讨论

1. 判别临界流除了采用本实验方法，还有什么其他方法？

2. 分析计算水面曲线时，急流和缓流的控制断面应如何选择？为什么？

3. 在进行缓坡或陡坡实验时，为什么在接近临界底坡情况下，不容易同时出现 3 种水面曲线的流动形式？

4. 影响临界水深 h_c 的因素有哪些？

第十三章 堰流实验

一、基本概念

1. 堰的概念

明渠顶部溢流的泄水建筑物称为堰。通过堰顶且具有自由表面的水流称为堰流。堰流的特点如下：

（1）水流在重力作用下由势能转换为动能，水面曲线是一条光滑的降落曲线。

（2）堰顶流线急剧弯曲，属急变流动，计算时只考虑局部水头损失。

（3）堰属于控制建筑物，用于控制水位和流量。

2. 堰的分类

根据堰顶厚度 δ 与堰上水头 H 比值的不同，我们可以把堰分为薄壁堰、实用堰和宽顶堰，这是堰最常用的分类方法。

（1）$\delta/H < 0.67$ 的堰叫作薄壁堰。越过堰顶的水舌形状不受堰顶厚度影响，水舌下缘与堰顶为线接触，水面呈降落线。由于堰顶常做成锐缘形，故薄壁堰也称锐缘堰。薄壁堰具有稳定的水头和流量关系，常作为水力学模型实验和野外测量中的一种有效量水工具。

（2）$0.67 < \delta/H < 2.5$ 的堰叫作实用堰，水利工程中常将实用堰做成曲线型、折线型，称为曲线型实用堰、折线型实用堰。堰顶加厚，水舌下缘与堰顶为面接触，水舌受堰顶约束和顶托，以影响水舌形状和堰的过流能力。

（3）$2.5 < \delta/H < 10$ 的堰叫作宽顶堰。宽顶堰堰顶厚度对水流的顶托作用非常明显。水流特征：水流在进口附近的水面形成降落；有一段水流与堰顶几乎平行；下游水位较低时，出堰水流产生二次水面降。

二、实验目的与要求

1. 学会在明渠实验槽中安装各种堰的模型，提升实验动手操作能力。

2. 仔细观察并定性绘制薄壁堰、实用堰、宽顶堰的过流曲线。

3. 观察不同 δ/H 的有坎宽顶堰、无坎宽顶堰或实用堰的水流现象，以及下游水位变化对宽顶堰过流能力的影响。

4. 掌握测量堰的流量系数 m 的实验技能，并测定自由出流情况下无侧收缩宽顶

堰的流量系数 m。

5. 学会使用三角堰测量明渠等开放水域流量的方法和思路。

三、实验装置

堰流实验装置如图 13-1 所示。

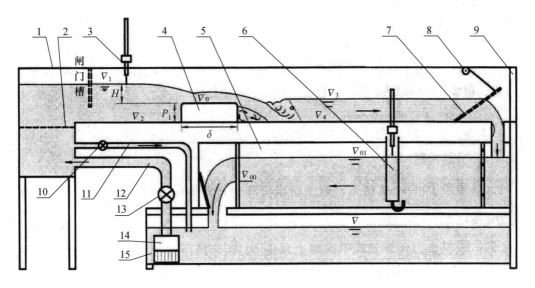

1—有机玻璃实验水槽；2—稳水孔板；3—测针；4—实验堰；5—三角堰量水槽；6—三角堰水位测针筒；
7—多孔尾门；8—尾门升降轮；9—支架；10—旁通管微调阀门；11—旁通管；12—供水管；
13—供水流量调节阀；14—水泵；15—蓄水箱。

图 13-1 堰流实验装置

本设备采用自循环供水，回水储存在蓄水箱 15 中。实验时，由水泵 14 向有机玻璃实验水槽 1 供水，水流经三角堰量水槽 5，流回到蓄水箱 15 中。水槽首部有稳水、消波装置，末端有多孔尾门及尾门升降机构。水槽中可换装各种堰、闸模型。堰闸上、下游与三角堰量水槽水位分别用测针 3 与三角堰水位测针筒 6 测量，为测量三角堰堰顶高程配有专用校验器。

本设备通过变换不同堰体，可演示水力学课程中所介绍的各种堰流现象，以及下游水面衔接形式，包括有侧收缩无坎宽顶堰流及其他各种常见宽顶堰流、底流、挑流、面流和戽流等现象。此外，还可演示平板闸下出流、薄壁堰流。同学们在完成规定的实验项目后，可任选其中一种或几种做实验观察，以拓宽知识面。

四、实验原理

1. 堰流流量公式

自由出流 $$Q = mb\sqrt{2g}H_0^{3/2} \tag{13-1}$$

淹没出流 $$Q = \sigma_s mb\sqrt{2g}H_0^{3/2} \tag{13-2}$$

式中 Q——过堰流量；

m——流量系数；

b——渠宽；

σ_s——淹没系数；

H_0——堰上总水头。

2. 堰流流量系数经验公式

（1）圆角进口宽顶堰。

$$m = 0.36 + 0.01\frac{3 - P_1/H}{1.2 + 1.5P_1/H} \tag{13-3}$$

式中 m——流量系数，当 $P_1/H \geqslant 3$ 时，$m = 0.36$；

P_1——上游堰高；

H——堰上水头。

（2）直角进口宽顶堰。

$$m = 0.32 + 0.01\frac{3 - P_1/H}{0.46 + 0.75P_1/H} \tag{13-4}$$

式中 m——流量系数，当 $P_1/H \geqslant 3$ 时，$m = 0.32$；

P_1——上游堰高；

H——堰上水头。

3. 堰上总作用水头

本实验需测记渠宽 b、上游渠底高程 ∇_2、堰顶高程 ∇_0、宽顶堰堰顶厚度 δ、流量 Q、上游水位 ∇_1 及下游水位 ∇_3；还应检验是否符合宽顶堰条件 $2.5 \leqslant \delta/H \leqslant 10$，进而按下列各式计算上游堰高 P_1、行近流速 v_0、堰上水头 H 和堰上总水头 H_0。

$$P_1 = \nabla_0 - \nabla_2 \tag{13-5}$$

$$v_0 = \frac{Q}{b(\nabla_1 - \nabla_2)} \tag{13-6}$$

$$H = \nabla_1 - \nabla_0 \tag{13-7}$$

$$H_0 = H + \frac{\alpha v_0^2}{2g} \tag{13-8}$$

其中，流量 Q 由三角堰量水槽 5 测量，三角堰的流量公式为

$$Q = Ah^B \quad (\text{cm}^3/\text{s})$$

$$h = \nabla_{01} - \nabla_{00}$$

$$(13-9)$$

式中，∇_{01}、∇_{00} 分别为三角堰堰顶水位（实测）和堰顶高程（实验时为常数）；A、B 为率定常数，由设备制成后率定，标示于设备铭牌上。

五、实验方法与步骤（以宽顶堰为例）

1. 把设备各常数测记于实验表格中。

2. 根据实验要求流量，调节供水流量调节阀 13 和下游尾门开度，使之形成堰下自由出流。同时满足 $2.5 \leqslant \delta/H \leqslant 10$ 的条件。待水流稳定后，观察宽顶堰自由出流的流动情况，定性绘出其水面曲线图。

3. 用测针测量堰的上、下游水位。测针的使用方法：先下调测针，使测针尖接近水面时再微调，当看见测针和测针倒影关于水面对称时，即可测计。准确测量堰上水头是准确测量流量系数的关键因素之一。测量堰上水头 H 时，堰上游水位测针读数要在堰壁上游 $(3 \sim 4)$ H 区间测读，这里堰上水头 H 指未降落时的上游水面至堰顶的高度差。经验证，距堰壁上游 $(3 \sim 4)$ H 处的上游水面下降值已小于 $0.003H$，水面降落的影响可忽略不计，故可选此位测量。另外，在实际工程中亦不宜在堰上游太远处测量，因为堰上游可能为 N_0 或 b_1 型水面曲线，上游端渐近于正常水深线，越向上游，水面越高。

4. 待三角堰和测针筒中的水位完全稳定后（需 5 min 左右），测记测针筒中的水位。

5. 改变进水阀门开度，测量 4～6 个不同流量下的实验参数。

6. 调节尾门，抬高下游水位，使宽顶堰成淹没出流（满足 $h_s/H_0 \geqslant 0.8$）。测记流量 Q' 及上、下游水位。改变流量重复 2 次实验。其中，h_s 为下游水位超过堰顶的高度（简称下游水位超顶高），H_0 为堰上总水头。

六、实验结果与要求

1. 对宽顶堰堰流流量系数 m 的实测值与经验值进行分析比较。

2. 完成下列实验报表。

（1）记录有关常数。

实验装置台号 No. _____。

渠槽 $b =$ ____ cm，宽顶堰堰顶厚度 $\delta =$ ____ cm，上游堰底高程 $\nabla_2 =$ ____ cm，堰顶高程 $\nabla_0 =$ ____ cm，上游堰高 $P_1 =$ ____ cm。

三角堰流量公式为 $Q = Ah^B$，$h = \nabla_{01} - \nabla_{00} =$ ____ cm。

其中，三角堰顶高程 $\nabla_{00} =$ ____ cm，$A =$ ____，$B =$ ____。

（2）完成流量系数测记表（表 13-1）。

表 13-1　流量系数测记表

三角堰上游水位 ∇_0 / cm	实测流量 Q / (cm^3/s)	上游水位 ∇_1 / cm	堰上水头 H / cm	行近流速 v_0 / (cm/s)	流速水头 $(v_0^2/2g)$ / cm	堰上总水头 H_0 / cm	流量系数 m		堰下游水位 ∇_3 / cm	下游水位超顶高 h_s / cm	核校 $\dfrac{h_s}{H_0}<0.8$
							实测值	经验值			
直角进口											
圆角进口											

七、实验分析与讨论

1. 测量堰上水头 H 值时，堰上游水位测针读数为何要在堰壁上游（3～4）H 区域处测读？

2. 为什么宽顶堰要在 $2.5 \leqslant \delta/H \leqslant 10$ 的范围内进行实验？

3. 哪些因素影响实测流量系数的精度？如果流速水头略去不计，对实验结果会产生多大影响？

第十四章 流动显示实验

第一节 流动显示技术及应用简介

一、流动显示技术

对于流体在流动过程中或绕流物体时在流场中所产生的物理现象，可利用某些特殊的技术以直观的形式显示并记录，进而根据所得到的流谱进行定性或定量分析，给出该物理现象的科学解释，这一技术称作流动显示技术。它是一门既古老又有新应用并且不断发展的应用科学。流动显示技术最早的应用，是英国科学家雷诺在水平直圆管中注入有色水，观察层流、湍流及其过渡状态，发现了著名的雷诺相似定理。而后，德国科学家普兰特利用流动显示技术发现了边界层，创建了边界层理论学说。流动显示技术是研究流体力学，进行科研实验、工程实验的实用方法之一。流动显示技术的主要方法有示踪法、化学显示法、丝线法、光学显示法等。流动现象不仅可以实时观察，还可以被记录，以便进行进一步的研究，记录方法主要有摄影、高速摄影、录像。更有学者把图谱进行数字化处理，用计算机模拟流场来进行流动分析，这也是流体力学实验研究的新方向之一。

当然，精准解读流动图谱，还需要专业的知识和丰富的实验经验。下面分别介绍流动显示技术最常用的方法——示踪法中的烟风流、氢气泡及有色水流动显示技术。

二、示踪法流动显示技术

示踪法是借助一种微量物质溶入流体来展示流体流动情况的技术，也称为二相流显示技术。溶入流体的微量物质叫作示踪剂，其性质或行为在显示过程中应与被示踪流体完全相同或差别极小，其加入量应当足够少，对流动运行体系不产生显著的影响。此外，示踪剂必须容易被观测。水和空气都是无色、透明的流体，要想观察它们的流动和绕物体流动的情况，需要借助于示踪剂。烟是空气流动最好的示踪剂之一；对于水而言，氢气泡、微粒子、细碎空气炮、有色水等均可以作为示踪剂，其中氢气泡、有色水是最主要和最常用的示踪剂（关于示踪剂的更多知识可以查阅相关资料）。现在有专业厂家生产示踪剂，可以根据实际需要进行选用。

1. 烟风流流动显示技术及应用

（1）航行体基本流线型筛选。

烟风流实验一般在风洞中进行，航行体模型在风洞中吹烟风流线，就是要检验其流线型及动力性能的优劣，如机翼、飞机整机模型、导弹、潜艇、鱼雷、比赛用汽车等。作为航行体，对其最基本的要求是应具有良好的流线型，即阻力要小，运动稳定性要好。大部分航行体在定型前都要在风洞中进行烟风流实验，根据烟风流线优劣筛选航行体外形。若航行体模型后侧产生的漩涡小，大部分流线都光顺连续，离体少，表明其流线型好，能量损失小（阻力小），航行体的运动稳定性好；相反，若后侧产生的漩涡大，流线断续，离体多，表明其流线型不好，能量损失大（阻力大），同时漩涡产生扰动使航行体的运动稳定性变差，这时航行体模型就要重新设计或修改。流线流向表明压力走向，流线摆动频率表明压力的转换情况等。

近几年，随着汽车工业的高速发展，人们对汽车的速度和运动品质等要求越来越高。实验证明，当车速大于 150 km/h 时，风阻力占总阻力的 60% 以上；当车速大于 200 km/h 时，风阻力更是占到总阻力的 85% 以上。风阻力大小与汽车外形的关系很大，汽车风洞实验就是用来优选汽车外形，以利于降低风阻系数，提升汽车运动稳定性，进而降低百千米油耗指标，从而提升其市场竞争力。

图 14-1 至图 14-6 是一些实物或模型在风洞中做烟风流实验的照片，这些实验用于对其外形进行筛选验证，包括汽车、火车、飞机、机翼等。

（a）汽车风洞实验1　　　　　　　　　　　　（b）汽车风洞实验2

图 14-1　汽车在风洞中做烟风流实验

图 14-2　高速火车模型在风洞中做烟风流实验

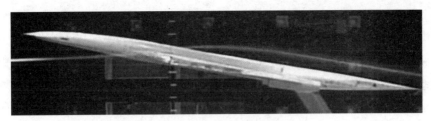

图 14-3　飞机模型在风洞中做烟风流实验

（a）赛手风洞实验1　　　　　　　　　　（b）赛手风洞实验2

图 14-4　在风洞中做赛手姿态选择实验

图 14-5　大型屋盖顶气流气场观察实验

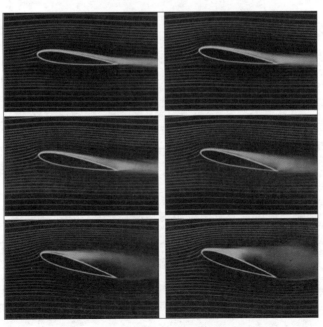

图 14-6　不同攻角机翼在流场中的流动图谱

（2）风环境实验。

城市空气污染与温度升高是一个越来越被重视的问题，治理注意力往往集中在污染物排放上，而忽略了城市空气流通问题。城市中密密麻麻的建筑物犹如动物皮毛般附着在地面上，阻隔城市空气流通及内外交换，致使城市排放的污染物及热量不能及时扩散出去，导致空气污染加重及城市局部温度升高。现在很多研究机构开始重视这些问题，提出"风环境"概念。风洞烟风流等实验可以直观地显示大气流场的运行情况，以及质量、动量和热量传递、交换、转移的情况，为规划决策时了解和解决污染物扩散、热岛效应和建筑物风荷载等问题提供依据。经监测，城市很多区域的环境空气质量并不一样，有的地方好，有的地方不好，就是由于某些楼群阻滞风路，影响空气流通，形成涡旋阻止了污染物正常排散。如果在规划城市建筑的时候能开展风洞风环境实验，就能在很大程度上避免这种情况的发生。

(a) 风环境实验1　　　　　　　　　　(b) 风环境实验2

图 14-7　楼群模型在风洞中做风环境实验

2. 氢气泡流动显示技术及应用

（1）氢气泡发生装置。

氢气泡流动显示实验一般在循环水槽中进行。循环水槽基本知识将在第十五章中介绍。氢气泡流动显示技术，是利用氢气泡作为示踪剂，在水流场中显示各种模型绕流时的流动图谱。观察和记录流动图谱，有助于我们正确了解绕流物体周围的流场结构，分析绕流物体的运动学和动力学特性。例如，从流动图谱中可以发现流线被破坏的位置及情况（断续、离体、产生漩涡等），找出绕流物体的外形缺陷，从而进行针对性修改。

根据电化学原理，水在直流电压作用下在阴极产生氢气，在阳极产生氧气。氧气极易溶于水，几乎看不见，而氢气难溶于水。当氢气泡发生器的电压加在铂丝和铜片上时，在铂丝上就会产生和铂丝直径尺寸相当的氢气泡。这些氢气泡在常光下显示为白色雾状，因此就可以利用这些氢气泡显示流场。当氢气泡发生器发出的是脉冲式电压时，氢气泡也呈现为脉冲式的，在流场中显示为一直线，这被称为"脉冲时间线"。

当脉冲间隔已知时，测出时间线之间的距离，就可以计算水流速度。

铂丝直径大小根据流速大小来选择，铂丝直径越大，氢气泡越大，实验表明氢气泡的大小和铂丝的直径尺寸相当。当氢气泡直径在 $10\sim50\ \mu m$ 时，跟随性较好，可不考虑其上浮作用。在低速水流中，阴极铂丝上的氢气泡随水流走得慢，易于合并，应采用较细的铂丝；而在较高速的水流中时，氢气泡随水流走得快，合并机会少，可采用较粗的铂丝——从铂丝的强度和电解电流强度考虑，也宜采用较粗的铂丝。氢气泡太大容易合并，影响流动显示效果。具体实验中可根据实际效果选择合适的铂丝直径。铂丝价格高，可以用钨丝替代，但不能用铜丝，因为铜的化学性能不稳定，通电后很快氧化，导致显示效果变差；而铂丝、钨丝化学性能稳定，即使使用时间很长，也不会有氧化现象发生。

（2）氢气泡发生装置布置在水平型循环水槽的情况。

氢气泡发生装置布置在水平型循环水槽的情况如图 14-8 所示，两根铂丝支撑杆可以固定于槽钢上，槽钢固定在循环水槽壁上，槽钢和水槽壁之间要绝缘，铂丝支撑杆和水槽壁要绝缘，阳极铜片也要和水槽壁绝缘，即直流电源电动势只加在阴极和阳极之间。对于较高流速，支撑杆截面做成流线型，以免破坏流场。形成的氢气泡最初和阴极铂丝线形状一样，为一条直线。实验中也常把铂丝加工成小锯齿状，以增加显示宽度。也可以在深度方向增加铂丝数量，使显示效果更加明显。根据显示效果的需要，调整电极之间的距离、电压或阴极丝直径。

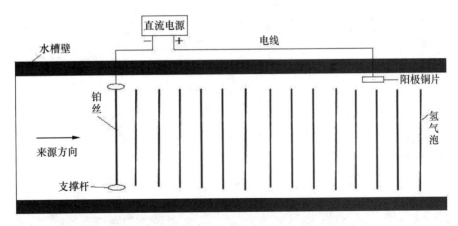

图 14-8　氢气泡发生装置布置在水平型循环水槽中的情况（俯视图）

当氢气泡发生装置布置完毕，就可以在流场中安装模型，模型一般通过转轴连接到槽钢上，槽钢再固定在槽壁上，这样就可以调整模型的角度和状态了。大型循环水槽可以做较大模型的实验，显示效果好。另外，选择黑色背景更有利于观察、摄影及录像。图 14-9 为在循环水槽中用氢气泡法显示机翼前段的边界层图谱。将流场流速慢慢增大，注意观察机翼表面边界层的变化情况。

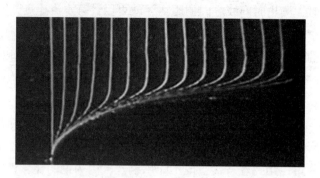

图 14-9　循环水槽中用氢气泡法显示机翼前段的边界层图谱

（3）圆管内速度分布氢气泡显示。

做圆管内流动显示实验应按照图 14-10 来布置。做圆管内流动显示实验最好选用有机玻璃管或玻璃管，其上孔径大小以刚好能穿过铂丝为宜，将铂丝两端拉直，用 502 胶水快速粘牢，再涂以玻璃胶密封。阳极位置的钻孔直径稍大，为 10～12 mm，将磨好的铜块镶进去，阳极铜块不要伸进管内，以免影响管内流场。在管路安装时应通过预实验确定两极之间的距离。循环水槽流场是稳定的，圆管内流动显示也要提供连续可调的恒定流，否则流动图谱不稳定。直流电源电压视圆管粗细及显示段长短而定。

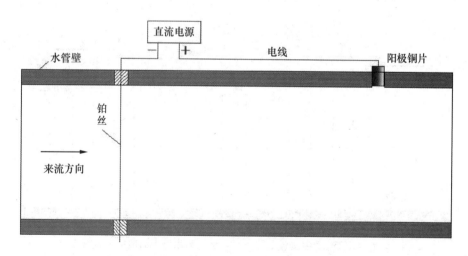

图 14-10　做圆管内流动显示实验的布置图

图 14-11 展示了氢气泡显示法显示的圆管内真实层流速度分布情况。该实验清楚地显示了层流时速度呈抛物线形状分布，湍流时呈指数形式分布。

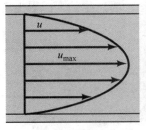 

(a) 圆管速度分布	(b) 氢气泡显示的速度分布

图 14-11　圆管速度分布图和氢气泡显示的速度分布图

3. 有色水流动显示技术

流动显示技术最早的应用，是英国科学家雷诺在水平直圆管中注入有色水，通过观察层流、湍流及其过渡状态，发现了著名的雷诺相似定理。这就是现在理工科大学流体力学课程中的经典实验项目——雷诺实验。1883 年，雷诺通过实验发现液流中存在层流和湍流两种流态：流速较小时，水流呈现层状有序的直线运动，流层间没有质点掺混，这种流态称为层流；当流速增大时，流体质点做无序的空间运动，流层间质点掺混，这种流态称为湍流。雷诺实验还发现存在着由湍流转变为层流的临界流速 V_0，而 V_0 又与流体的黏性、圆管直径 d 有关。若要判别流态，就要确定各种情况下的 V_0 值。雷诺运用量纲分析的原理，对这些相关因素的不同量值做出排列组合再分别进行实验研究，得出了无量纲数——雷诺数 Re，以此作为层流与湍流的判别依据，使复杂问题得以简化。雷诺实验的流态显示如图 14-12 所示。

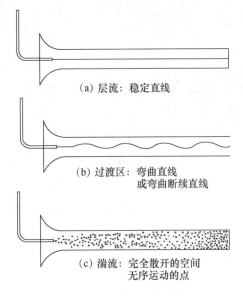

(a) 层流：稳定直线

(b) 过渡区：弯曲直线
或弯曲断续直线

(c) 湍流：完全散开的空间
无序运动的点

图 14-12　雷诺实验的流态显示

图 14-13 是不同直径柱体在表层着色的水中运动时产生的卡门涡街现象。这是另一种显示流场的方法。

（a）较大直径柱体卡门涡街图　　　（b）较小直径柱体卡门涡街图

图 14-13　不同直径柱体在表层着色的水中运动时产生的卡门涡街现象

三、纹影仪显示空气流场

纹影仪是根据光线通过不同密度的气体而产生的角偏转来显示其折射率，是一种测量光线微小偏转角的装置。它将流场中密度梯度的变化转变为记录在平面上的相对光强变化，使可压缩流场中的激波、压缩波等密度变化剧烈的区域成为可观察、可分辨的图像，如图 14-14 所示。这是光学流场显示技术，许多高校实验室里已经在使用。鉴于本科学习阶段应用少，此处不做详细介绍，感兴趣的学生可到图书馆查阅相关资料。

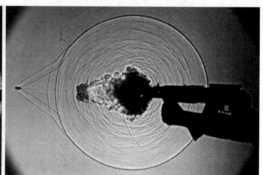

（a）火箭发射产生的激波场　　　　　（b）AK47 步枪射击产生的激波场

图 14-14　纹影仪显示的火箭发射及 AK47 步枪射击产生的激波场

四、丝线法流场显示方法

将丝线、羊毛等纤维粘贴在要观察的模型表面或模型后的网格上，通过观察丝线的运动，比如丝线转动、抖动或倒转等，可以判明流场方向、分离区的位置，以及空间涡的位置、转向等。现在该方法发展到使用比丝线更细的尼龙丝，有时尼龙丝细到连肉眼都看不清。将尼龙丝用荧光染料处理后再粘贴在模型上。这种丝线很细，对模型没有影响，在紫外线照射下能显示出来，可以被拍摄并记录下来，此法称为荧光丝线法。丝线法显示潜艇模型表面流场如图14-15所示。

流场显示技术还有众多方法，并且不断有新方法涌现。

图14-15　丝线法显示潜艇模型表面流场

第二节　流动显示实验

一、实验目的与要求

1. 通过阅读流动图谱，观看各种流动显示，形成对流体流动的基本认识。

2. 结合第一节内容，了解流动显示技术的概念及其在各领域的应用。

3. 观察流体绕流不同形状物体时，各种流态的分布情况。

4. 观察流体在绕流不同形状狭道或不同形状物体时所产生的不同现象，分析能量损失产生的原因。

5. 对所观察到的现象进行分析，了解压力分布和流线流向的关系，提高解决工程实际问题的能力。

二、实验装置与显示要点

1. 流谱流线显示仪

（1）流谱流线显示仪简介。

流谱流线显示仪采用最先进的电化学法显示流线，用狭缝式流道组成过流面，如图14-16所示。流动过程采用封闭自循环形式。水泵开启，工作液体流动并自动染色。该设备主要由流线显示盘、前后罩壳、灯、小水泵、直流供电装置等部件组成。打开水泵开关 10、电源开关 12 及流速调节阀 14，随着流道内工作液体流动，显示仪就会逐渐显示出红色与黄色相间的流线，并沿流延伸。流速快慢对流线的清晰度有一定影响。为达到最佳显示效果，流速不宜太快也不宜太慢，太快会造成流线不清晰，太慢则会造成流线歪扭倾倒。调节流速调节阀 14，一般将流道内流速调节至 $0.5 \sim 1.0$ m/s，再调节面板上对比度旋钮 11（可从图 14-16 中电极电压测点 13 测得电压值），调节极间电压至合适位置（电压偏低，则流线颜色淡；电压偏高，则产生氢气泡干扰流场）。流谱流线显示仪显示的流谱如图 14-17 所示。

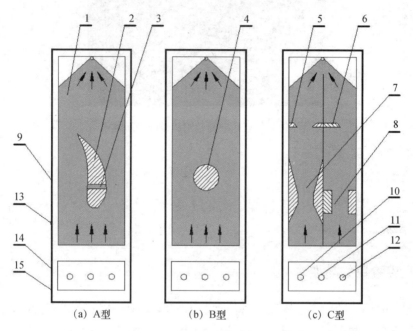

(a) A 型 　　　(b) B 型 　　　(c) C 型

1—显示盘；2—机翼；3—孔道；4—圆柱；5—孔板；6—闸板；7—文丘里管；8—突扩和突缩；9—侧板；10—水泵开关；11—对比度旋钮；12—电源开关；13—电极电压测点；14—流速调节阀；15—放空阀。

图 14-16　流谱流线显示仪显示的流谱

注：14、15 置于箱内。

（2）流谱流线显示仪显示要点。

A 型、B 型、C 型流谱流线显示仪的共同特点是流速较慢，且都是层流流动，都具有层流流动的一切特点。

① 层流的运动学特征。

a. 质点有规律地做分层流动，无论流动边界如何变化，只要是连续地光顺过渡，流线就绝不会相互掺混，在流动过程中一条流线始终在另一条流线的一侧，不会相交。只要边界条件相同，流动现象就可以严格再现。

b. 断面流速按抛物线分布，壁面附近流速可以很低。

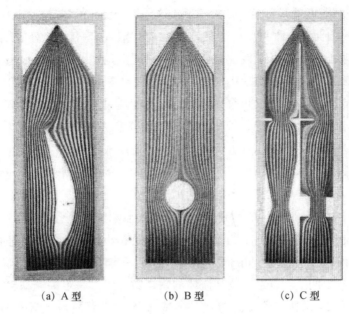

(a) A 型　　　　　　(b) B 型　　　　　　(c) C 型

图 14-17　流谱流线显示仪显示的流谱

c. 运动要素无脉动现象。

d. 流动具有稳定性。层流流动受到外界干扰时变成不稳定流动，但它会衰减干扰信号，重新变成稳定层流。

② 层流的动力学特征。

a. 流层间无质量传输。

b. 流层间无动量交换。

c. 管流中单位质量的能量损失与流速的一次方成正比。

如图 14-17（a）所示，A 型流谱流线显示仪显示机翼绕流的流谱。由图像可知，机翼向天侧（外包线曲率较大）流线较密，由连续方程和能量方程可知，流线密，表明流速大，压强低；而在机翼向地侧，流线较疏，压强较高。这表明整个机翼受到一个向上的合力，该力被称为升力。本仪器采用下述构造能显示出升力的方向：在机翼腰部开有沟通两侧的孔道，孔道中有染色电极。在机翼两侧压力差的作用下，必有分流经孔道从向地侧流至向天侧，这样可通过孔道中染色电极释放的色素显现出染色液体流动的方向，即升力方向。此外，在流道出口端（上端）还可观察到流线汇集到一处，并无交叉，从而验证流线不会重合的特性。

如图 14-17（b）所示，B 型流谱流线显示仪显示圆柱绕流的流谱。因为流速很低（为 $0.5 \sim 1.0 \, \text{cm/s}$），能量损失极小，可忽略不计。所显示的流谱上游、下游几乎完全对称，故其流动可视为势流。这与圆柱绕流势流理论流谱基本一致。圆柱两侧转捩点趋于重合，零流线（沿圆柱表面的流线）在前驻点分成左右 2 支，经 90° 点（$u =$

$u_{\max}$），而后在背滞点处二者又合二为一了。这是由于绕流液体是理想液体（势流必备条件之一），由伯努利方程可知，圆柱绕流在前驻点（$u=0$）处势能最大，在90°点（$u=u_{\max}$）处势能最小，而到达后滞点（$u=0$）时，动能又全部转换为势能，势能又最大。故其流线又复原到驻点前的形状。

驻滞点的流线为何可分又可合，这与流线的性质是否矛盾呢？答案是不矛盾。因为在驻滞点上流速为零，而静止液体中同一点的任意方向都可能是流体的流动方向。然而，当适当增大流速，雷诺数增大，流动由势流变成涡流后，流线的对称性就不复存在。此时虽圆柱上游流谱不变，但下游原合二为一的染色线被分开，尾流出现。由此可知，势流与涡流是性质完全不同的两种流动（涡流流谱参见自循环流动显示仪）。

如图14-17（c）所示，C型流谱流线显示仪显示文丘里管、孔板、渐缩、突扩、突缩、明渠闸板等流段纵剖面上的流谱。该显示是在小雷诺数条件下进行的，液体在流经这些管段时，有扩有缩。由于边界本身亦是一条流线，通过在边界上特设电极，该流线得以显示。同上，若适当提高流体的雷诺数，经过一定的流动起始时段后，就会在突扩的拐角处出现流线脱离边界，形成漩涡，从而显示实际液体的总体流动图谱。

利用该流谱流线显示仪，还可说明均匀流、渐变流、急变流的流线特征。如直管段流线平行，为均匀流；文丘里的喉管段，流线的切线大致平行，为渐变流；突缩、突扩处，流线夹角大或曲率大，为急变流。上述各类仪器流道中的流动均为恒定流，因此，所显示的染色线既是流线，又是迹线和色线（脉线）。根据定义：流线是瞬时的曲线，线上任一点的切线方向与该点的流速方向相同；迹线是某一质点在某一时段内的运动轨迹线；色线是源于同一点的所有质点在同一瞬间的连线。固定在流场的起始段上的电极，所释放的颜色流过显示面后，会自动消色，放色、消色对流谱的显示均无任何干扰。另外应注意的是，由于所显示的流线太稳定，以致流线有可能被误认为是人工绘制的。为消除此误会，显示时可将泵关闭后再重新开启，可根据流线上各质点流动方向变化进行验证。

2. 挂壁式自循环流动显示仪简介

挂壁式自循环流动显示仪装置如图14-18所示。

该仪器以气泡为示踪介质，狭缝流道中设有特定边界流场，用以显示内流、外流、射流元件等多种流动图谱。半封闭状态下的工作液体（水）由水泵驱动，自蓄水箱6经掺气后流经显示板，形成无数小气泡随水流流动，在仪器内的日光灯照射和显示板的衬托下，小气泡发出明亮的折射光，清楚地显示出小气泡随水流流动的图像。由于气泡的粒径大小、掺气量的多少可由掺气量调节阀5任意调节，故能使小气泡相对水流流动具有足够的跟随性。显示板设计成多种不同形状边界的流道，因而该仪器能十分形象、鲜明地显示不同边界流场的迹线、边界层分离、尾流、漩涡等多种流动图谱。

　　本仪器流动为自循环，其运行流程如图 14-19 所示。操作步骤为打开电源和水泵开关，关闭掺气阀，使显示面两侧水道充满水，然后打开掺气阀，旋动掺气量调节阀 5，可改变掺气量（ZL-7 型除外），应注意掺气有滞后性，调节应缓慢、逐次进行，使之达到最佳显示效果。掺气量不宜太大，否则会阻断水流或产生振动。

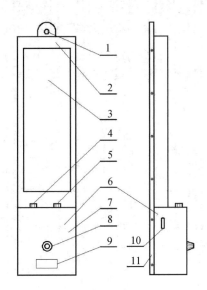

1—挂孔；2—彩色有机玻璃面罩；3—不同边界的流动显示面；4—加水孔孔盖；5—掺气量调节阀；6—蓄水箱；
7—电器、水泵室；8—可控硅无级调速旋钮；9—标牌；10—水位观测窗；11—铝合金框架后盖。

图 14-18　挂壁式自循环流动显示仪装置

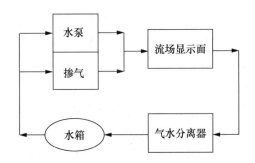

图 14-19　挂壁式自循环流动显示仪运行流程

　　挂壁式自循环流动显示仪装置剖面图如图 14-20 所示。各型显示要点如下。

　　（1）ZL-1 型。

　　ZL-1 型用于显示渐扩、渐缩、突扩、突缩、壁面冲击、直角弯道等平面上的流动图谱，模拟串联管道纵剖面流动图谱。在渐扩段可看到由边界层分离而形成的漩涡，且靠近上游喉颈处，流速越大，漩涡尺度越小，湍动强度越高；而在渐缩段，无分离，流线均匀收缩，亦无漩涡，由此可知，渐扩段局部水头损失大于渐缩段。

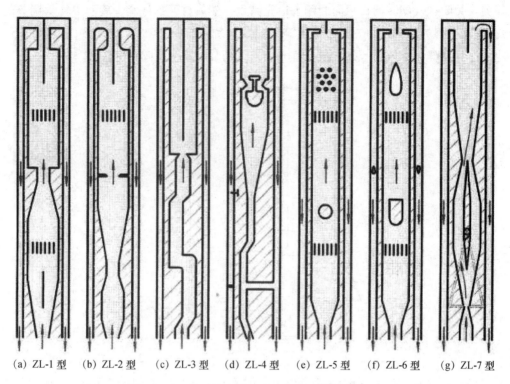

(a) ZL-1 型　　(b) ZL-2 型　　(c) ZL-3 型　　(d) ZL-4 型　　(e) ZL-5 型　　(f) ZL-6 型　　(g) ZL-7 型

图 14-20　挂壁式自循环流动显示仪装置剖面图

在突扩段出现较大的漩涡区，而突缩段只在死角处和收缩断面的进口附近出现较小的漩涡区，表明突扩段比突缩段有更大的局部水头损失（缩扩的直径比大于 0.7 时例外），而且突缩段的局部水头损失主要发生在突缩断面后部。观察者要仔细观察这个现象，部分专业设有突扩和突缩局部水头损失实验，并要求比较突扩段和突缩段的能量损失大小及原因。

由于本仪器突缩段较短，故其流谱亦可视为直角形管嘴的流动图谱。在管嘴进口附近，流线明显收缩，并有漩涡产生，致使有效过流断面减小，流速增大，从而在收缩断面出现真空。

在直角弯道和壁面冲击段，也有多处漩涡区出现。尤其在弯道流中，流线弯曲加剧，越靠近弯道内侧，流速越小。且近内壁处，出现明显的回流，所形成的回流范围较大，将此与 ZL-2 型中圆角转弯流动对比，直角弯道漩涡大，回流更加明显。

漩涡的大小和湍动强度与流速有关。可通过流量调节观察对比，例如流量减小，渐扩段流速较小，其湍动强度也较小，这时可看到在整个扩散段有明显的单个大尺度漩涡。反之，当流量增大时，这种单个大尺度漩涡随之破碎，并形成无数个小尺度的漩涡，且流速越高，湍动强度越大，则漩涡越小，可以看到几乎每个质点都在其附近激烈地旋转。又如，在突扩段，也可看到漩涡尺度的变化。这些现象表明：湍动强度越大，漩涡尺度越小，水质点间的内摩擦越厉害，水头损失就越大。

（2）ZL-2 型。

ZL-2 型用于显示文丘里流量计、孔板流量计、圆弧进口管嘴流量计，以及壁面冲击圆弧形弯道等串联流道纵剖面上的流动图谱，如图 14-21 所示。

图 14-21　文丘里流量计和孔板流量计流动图谱

由图谱可知，文丘里流量计的过流顺畅，流线顺直，无边界层分离和漩涡产生。在孔板前，流线逐渐收缩，汇集于孔板的孔口处，只在拐角处有小漩涡出现，孔板后的流线逐渐扩散，并在主流区的周围形成较大的漩涡区。由此可知，孔板流量计的过流阻力较大；圆弧进口管嘴流量计入流顺畅，管嘴过流段上无边界层分离和漩涡产生；在圆形弯道段，边界层分离的现象及分离点明显可见，与直角弯道相比，流线较顺畅，漩涡发生区域较小。

由上可知，孔板流量计结构简单，测量精度高，但水头损失很大。作为流量计，水头损失大是缺点，但将其移作他用时又是优点，例如工程上的孔板消能（详见下述）。另外，从 ZL-1 型或 ZL-2 型的弯道水流观察分析可知，在急变流段测压管水头不按静压强的规律分布，有两方面的原因：离心惯性力的作用，流速分布不均匀（外侧大、内侧小并产生回流）。

该显示仪所显示的现象还表征某些工程流程，如下三例。

① 板式有压隧道的泄洪消能。如黄河小浪底水力发电站，在有压隧洞中设置了五道孔板式消能工，使泄洪的余能在有压隧洞中消耗，从而解决了泄洪洞出口缺乏消能条件时的工程问题。其消耗的机理、水流形态及水流和有压隧洞间的相互作用等，与孔板出流相似。

② 圆弧形管嘴过流。进口流线顺畅，说明这种管嘴流量系数较大（最大可达0.98）。可将圆弧形管嘴与 ZL-1 型的直角形管嘴对比观察，理解直角形管嘴的流量系数较小（约为0.82）的原因。

③ 喇叭形管道取水口，结合 ZL-1 型的显示可帮助学生了解为什么喇叭形管道取水口的水头损失系数较小（为 0.05～0.25，而直角形的约为 0.5）的原因。这是由于喇叭形管道取水口符合流线型的要求。

（3）ZL-3 型。

ZL-3 型用于显示 30°弯头、直角圆弧弯头、直角弯头、45°弯头以及非自由射流等流段纵剖面上的流动图谱。由图 14-22 可见，每个转弯段后面均因边界层分离而产生漩涡。转弯角度不同，漩涡大小、形状各异。在圆弧转弯段，流线较顺畅，该串联管道上还显示局部水头损失叠加影响的图谱。在非自由射流段，射流离开喷口后，不断卷吸周围的流体，形成射流的湍动扩散。在此流段上还可观察到射流的"附壁效应"（详细介绍见 ZL-7 型）。

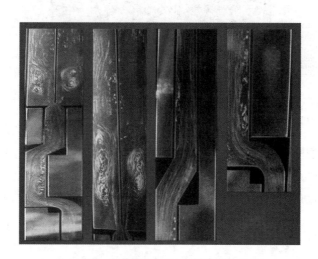

图 14-22　流经各种角度弯头流动图谱

综上所述，ZL-3 型可显示的主要流动现象为：

① 各种弯道和局部水头损失的关系。

② 短管串联管道局部水头损失的叠加影响。这是计算短管局部水头损失时，各单个局部水头损失之和并不一定等于管道总局部水头损失的原因所在。

③ 非自由射流。根据授课对象专业差异，可分别侧重讲解湍动扩散、漩涡形态或射流的"附壁效应"等内容。例如，对于水工、河港等专业的学生，可结合河道的冲淤问题加以解说。以装置中间的导流杆为界，若把导流杆当作一侧河岸，主流沿河岸高速流动。由显示可知，该河岸受到水流的严重冲刷。而主流的外侧，产生大速度回流，使另一侧河岸也受到局部淘刷。在喷嘴附近的回流死角处，因流速小，湍动度小，则出现淤积，这些现象在天然河道中较为常见。又如，对于热工和化工专业的学生，可侧重讲解湍动扩散和介质传输；对于暖通专业的学生，可侧重讲解通风口布置对湍掺均匀度的影响等。

（4）ZL-4 型。

ZL-4 型用于显示 30°弯头、分流、合流、45°弯头，YF-溢流阀、闸阀及蝶阀等流段纵剖面上的流动图谱。其中 YF-溢流阀固定为全开状态，蝶阀活动可调。

由图谱可见，在转弯、分流、合流等过流段上，有不同形态的漩涡出现。合流漩涡较为典型，明显干扰主流，使主流受阻，这在工程上称为"水塞"现象。为避免"水塞"，给排水技术要求合流时用 45°三通连接。闸阀半开时，尾部漩涡区较大，水头损失也大。蝶阀全开时，过流顺畅，阻力小；半开时，尾涡湍动激烈，表明阻力大且易引起振动。蝶阀通常做检修用，故只允许全开或全关。YF-溢流阀结构和流态均较复杂，如下所述。

YF-溢流阀广泛应用于液压传动系统。其流动介质通常是油，阀门前后压差可高达 315 bar，阀道处的流速超过 200 m/s。本装置流动介质是水，为了使其与实际阀门的流动相似（雷诺数相同），在阀门前加设一个减压分流。该装置能十分清晰地显示阀门前后的流动形态：高速流体经阀口喷出后，在阀芯的大反弧段发生边界层分离，出现一圈漩涡带；在射流和阀座的出口处，也产生较大的漩涡环带。在阀后，尾迹区大而复杂，并有随机的卡门涡街现象产生。经阀芯芯部流过的小股流体也在尾迹区产生不规则的左右扰动。调节过流量，漩涡的形态基本不变，表明在相当大的雷诺数范围内，漩涡基本稳定。

由于漩涡带的存在，该阀门在工作中必然会产生较激烈的振动，其中阀芯反弧段上的漩涡带影响成为显著。高速湍动流体的随机脉动引起漩涡区真空度的脉动，这一脉动压力直接作用在阀芯上，引起阀芯振动，而阀芯的振动又作用于流体的脉动和漩涡区的压力脉动，进而引起更激烈的阀芯振动。显然这是一个很重要的振源，而且这一漩涡环带还可能引起阀芯的空蚀破坏。另外，图谱显示还表明，阀芯的受力情况也不理想。

（5）ZL-5 型。

ZL-5 型用于显示明渠渐扩、单圆柱绕流、多圆柱绕流及直角弯道等流段的流动图谱。圆柱绕流及柱群流动图谱是该型显示仪的特征流谱，如图 14-23 所示。

由图 14-23 显示了单圆柱绕流时的边界层分离状况、分离点位置、卡门涡街的

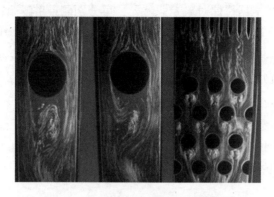

图 14-23　圆柱绕流及柱群流动图谱

产生与发展过程以及多圆柱绕流时的流体混合、扩散、组合漩涡等流谱，现分述如下。

① 边界层分离。

边界层分离会导致较大的能量损失。结合渐扩段的边界层分离现象，可说明边界层分离后会产生局部低压，可能出现空化和空蚀破坏现象，如文氏管喉管出口处的情况。

② 滞止点。

观察流经前滞止点的小气泡，可见流速的变化为 $v_0 \rightarrow 0 \rightarrow v_{max}$，流动在滞止点处明显停滞（可结合说明能量的转换及毕托管测速原理）。

③ 卡门涡街。

圆柱的轴与来流方向垂直，在圆柱的两个对称点上产生边界层分离后，在两侧交替产生旋转方向相反的漩涡，并流向下游，形成卡门涡街。其他仪器展示的卡门涡街如图 14-24 所示。

对卡门涡街的研究，在工程实际中具有很重要的意义。每当一个漩涡脱离柱体时，根据汤姆孙环量守恒定理，必定在柱体上产生一个与漩涡的环量大小相等、方向相反的环量，这个环量使绕流体产生横向力，即升力。观察发现，在柱体的两侧交替地产生与旋转方向相反的漩涡，因此柱体上的环量的符号交替变化，横向力的方向也交替地变化。这样就使柱体产生了一定频率的横向振动。若该频率接近柱体的自振频率，就可能产生共振，为此常需采取一些工程措施加以解决。

在应用方面，可使用卡门涡街流量计参照流动图谱加以说明。从圆柱绕流的图谱可见，卡门涡街的频率不仅与雷诺数有关，还与管流的过流量有关。若在绕流体上过圆心处开设一个与来流方向相垂直的通道，在通道中装设热丝等感应测量元件，可测得由于交变升力引起的流速脉动频率，从而根据频率就可测量管道的流量。卡门涡街引起的振动及实例：观察卡门涡街现象，说明升力产生的原理，以及绕流体为何会产生振动，为什么振动方向与来流方向相垂直等。例如，风吹电线，电线会发出共鸣（风振）；潜艇在行进中，潜望镜会发生振动；高层建筑（高烟囱等）在大风中会发生振动等，都是由卡门涡街现象所致。

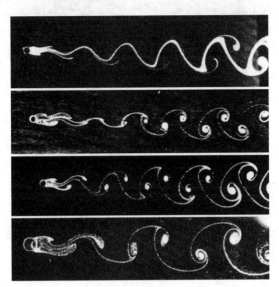

图14-24　其他仪器展示的卡门涡街

④ 多圆柱绕流。

多圆柱绕流原理被广泛应用于热工中的传热系统的"冷凝器"及其他工业管道的热交换器等。流体流经圆柱时，边界层内的流体和柱体发生热交换，柱体后的漩涡起混掺作用，然后流体流经下一柱体，再次进行热交换与混掺，换热效果较佳。另外，对于高层建筑群，也有类似的流动图谱，即当高层建筑群承受大风袭击时，建筑物周围也会出现复杂的风向和组合气旋；即使在独立的高层建筑物低层附近，也会出现分离和尾流。这应引起建筑师的重视。

（6）ZL-6型。

ZL-6型用于显示明渠渐扩、桥墩形钝体绕流、流线体绕流、直角弯道，以及正、反流线体绕流等流段上的流动图谱。机翼绕流和桥墩形钝体绕流图谱如图14-25所示。

桥墩形钝体绕流体为圆头方尾的钝形体，水流脱离桥墩形钝体后，形成一个漩涡区——尾流，在尾流区两侧产生旋向相反且不断交替的漩涡，即卡门涡街。与圆柱绕流不同的是，该涡街的频率具有较明显的随机性。

图 14-25　机翼绕流和桥墩形钝体绕流图谱

该图谱主要作用有以下两点。

a. 说明了非圆柱绕流也会产生卡门涡街；

b. 观察圆柱绕流和该钝体绕流可见：前者，在 Re 不变时，涡街频率 f 也不变；而后者，即使 Re 不变，涡街频率 f 也随机变化。由此说明了圆柱绕流频率可由公式计算，而非圆柱绕流频率一般不能计算的原因。

解决绕流体振动问题的途径有以下三种。

a. 改变流速；

b. 改变绕流体自振频率；

c. 改变绕流体结构形式，以破坏涡街的固定频率，避免共振。如北京大学力学系曾据此成功地解决了一例 120 m 烟囱的风振问题。其解决措施是在烟囱的外表加了几道螺纹形突体，从而破坏了圆柱绕流时的卡门涡街的结构并改变了它的频率，消除了风振。

流线型柱体是绕流体的最好形式，流动顺畅，形体阻力最小。从正、反流线型柱体的流动对比可见，当流线型柱体倒置时，也会产生卡门涡街。因此，为使过流平稳，应采用顺流而放的圆头尖尾形柱体。

（7）ZL-7 型。

ZL-7 型是"双稳放大射流阀"流动原理显示仪。经喷嘴喷射出的射流（大信号）可附于任一侧面，若先附于左壁，射流经左通道后，向右出口输出；当转动仪器表面控制圆盘，使左气道与圆盘气孔相通时（通大气），因射流获得左侧的控制流

（小信号），射流便切换至右壁，流体从左出口输出。这时若再转动控制圆盘，切断气流，射流稳定于原通道不变。如要使射流再切换回来，只要再转动控制圆盘，使右气道与圆盘气孔相通即可。因此，该装置既是一个射流阀，又是一个双稳射流控制元件。只要给一个小信号（气流），便能输出一个大信号（射流），并能把脉冲小信号保持并记忆下来。

由显示实验所观察到的射流附壁现象，又被称作"附壁效应"。利用"附壁效应"可制成"或门""非门""或非门"等射流元件，并把它们组合成自动控制系统或自动检测系统。由于射流元件不受外界电磁干扰，较之电子自控元件有其独特的优点，因此其在军工领域也有应用。1962年，在浙江嘉兴22 000 m高空被我国解放军用导弹击落的入侵我国领空的美制U-2型高空侦察机，其搭载的自动控制系统就采用了这种射流元件。

作为射流元件在自动控制系统中的应用示例，ZL-7型还配置了液位自动控制装置。图14-26所示为通道自动向左水箱加水状态。左、右水箱的最高水位由溢流板（中板）控制，最低水位由a_1、b_1的位置自动控制。其原理是：水泵启动，本仪器流道喉管a_2、b_2处由于过流断面较小，流速过大，形成真空，在水箱水位升高后产生溢流，喉管a_2、b_2处所承受的外压保持恒定。当仪器运行到如图14-26所示状态时，右水箱水位因b_2处真空作用抽吸而下降，当水位降到b_1小孔高程时，气流则经b_1进入b_2处升压（a_2处压力不变），使射流切换至a_2一侧，则b_2处进气造成a_4、a_3间断流，a_3出口处的薄膜逆止阀关闭，而b_4—b_3过流，b_3出口处的薄膜逆止阀打开，右

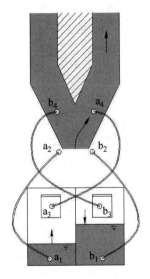

注：上半图为双稳放大射流阀；下半图为双水箱容器。

图14-26　通道自动向左水箱加水状态

水箱加水。其过程与左水箱加水相同，如此往复循环，十分形象地展示了射流元件自动控制液位的过程。容器后壁小孔 a_1、b_1、a_3、b_3 分别与孔 a_2、b_2 及毕托管取水管嘴 a_4、b_4 连通。

　　射流元件在其他工业控制领域也有广泛应用。通过学习这些应用，同学们可以进一步了解流体力学应用的广泛性。这种装置在连续流中可利用工作介质直接控制液位。操作中还需注意，开机后需等待 $1\sim2$ min，待流道气体排尽后再进行实验，否则仪器将无法正常工作。

第十五章　水平型循环水槽

一、循环水槽概述

从事流体力学、船舶与海洋工程等相关专业的科技工作者，都希望有连续可调、简单易操控的稳定流场，以便进行流体力学的基础实验研究和应用研究。循环水槽就是提供这种实验条件的理想设备。它的工作原理是：水在槽内连续运动，模型固定在稳定流场中，形成相对运动，与在拖曳水池中的运动形式刚好相反。该水槽可以进行流体力学基础实验研究、船舶与海洋工程实验研究、港航水利及渔业等实验研究。循环水槽造价相对低廉，操作简单，单人即可使用，且易于维护；缺点是其尺度比拖曳水池小，流场品质差，存在阻滞现象等问题。近年来，人们用标模修正的方法解决了循环水槽的部分不足之处。

二、循环水槽的组成

循环水槽有多种类型，如立式的、卧式的、水平型的。这里介绍最通用的水平型循环水槽。

1. 水平型循环水槽的组成部分

如图 15-1 所示，循环水槽本体结构由工作段、动力段、发散段、稳压段、收缩段、收水段组成。外部配套有动力驱动及电控系统、流速测量系统、水过滤系统、吸排气系统、工作段平面悬臂吊车、工作段模型固定架转盘及专用夹具等。

2. 循环水槽的设计

循环水槽的设计是一项技术含量很高的工作，涉及许多学科的技术和经验，这里仅简单介绍一下。随着循环水槽数量的增加，水槽的设计方法也日益丰富，这为母型法设计提供了越来越多的参照母型，使设计工作变得相对规范和可靠。感兴趣的同学可借阅与循环水槽设计有关的书籍和文献资料。

（1）工作段。

工作段就是安装布放实验模型的区域，对工作段最基本的要求是水面平稳、无波动及截面流速分布均匀，即要求流场均匀稳定。工作段的尺寸及流场主体指标决定了整个水槽的主体尺寸、动力最低配置及总造价。水平型循环水槽工作段一般为长方体，横截面为矩形，根据实验模型主尺度（长、宽、吃水）及母型水槽比例系数

（K_1、K_2、K_3），由参数 $L/l = K_1$，$B/b = K_2$，$T/t = K_3$ 即可求得水槽工作段主尺度。其中 L、B、T 分别为水槽工作段长、宽和吃水，而 l、b、t 分别为实验模型长、宽和吃水。

（2）收缩段。

设计收缩段的目的是使水流均匀加速至实验段所需流速，降低湍流度并使之不产生分离。因而需要正确选定收缩比 n、收缩段曲线及收缩段长度。

根据风洞建造经验及同类循环水槽参数，收缩比通常取 4～9。其中，国内水槽收缩比为 2～4，国外水槽收缩比为 3～9。

（3）动力段。

动力段包括直流驱动电机、涵道、涵道内美人架、车叶、传动轴、导流桨箍。动力段的主要功能是驱动水体运动，并在工作段形成流场。

（4）发散段。

发散段也叫扩散段。扩散段在轴流泵后边，一般流速很大，能量损失也大。扩散段的作用是把水流的动能转换为压能，既能减小能量损失，又有利于水流稳定。扩散段的扩散角在 5°左右为宜，最大不超过 8°。如果扩散角过大，水流和壁面发生分离，产生漩涡，漩涡有可能流经整个回路而进入实验段，使实验段流场发生紊乱，也会使能量损失增大。

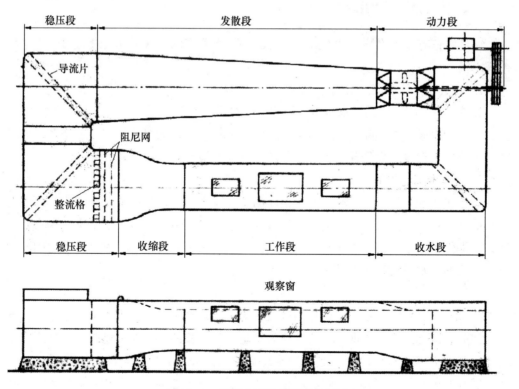

图 15-1　循环水槽俯视图及前视图

（5）稳压段。

它的作用是使水流进入收缩段之前有足够的时间来调整水流的均匀性和湍流度，使进入收缩段之前的水流平直均匀。稳压段装有整流装置，包括整流网、蜂窝器，水流经过这些装置后，把大的漩涡分割成极小的漩涡，使湍流因素衰减下来。稳压段横截面积最大，腔体体积最大，所以压力也相对稳定，为收缩段和工作段产生高质量流场提供条件。

（6）收水段。

收水段的主要功能是把经过工作段的水导引回动力段。

三、循环水槽配套设施

1. 调速系统

调速系统有直流调速系统和交流调速系统，直流调速系统精度、稳定性更高，更可靠。

2. 测流速系统

测流速系统包括毕托管、压力变送器、数据处理表头等。

调整系统依据测速系统的信号控制驱动叶轮工作。

3. 数据采集处理系统

数据采集处理系统包括测力天平、应变仪、A/D采集板、计算机及对应软件。

4. 模型固定转盘及其他夹具

模型固定转盘和夹具用来固定实验模型，转盘带动模型可以实现360°连续旋转。

5. 起吊设备

起吊设备一般采用回转式吊车，如图15-2所示。

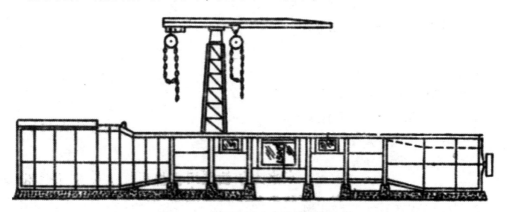

图 15-2　循环水槽中央的回转式吊车

6. 过滤系统及吸气系统

过滤系统通过定期过滤确保水质清亮透明。

吸气系统能排除水槽运行过程中淤积的气体，确保流体压力连续传递，流场稳定。

7．造波机系统

有的水槽还配备冲箱式造波机及电容式波高仪，该系统易于拆卸。

四、循环水槽可做的系列实验

1．基础流体力学实验

（1）舵等翼型升力及阻力实验。

（2）流场中柱体、翼型及不规则物体表面压力分布测量。

（3）平板阻力测试研究。

（4）边界层实验研究。

（5）圆柱体窝激振动实验研究。

（6）各种物体的流场测试及流谱观察，如船体尾迹流、伴流，旋转体尾流等测试。

2．船舶流体力学实验

（1）船舶阻力实验。

（2）螺旋桨及舵的敞水实验。

（3）各种推力器的推力实验。

（4）船舶及潜艇的操纵性实验。

（5）船模周围流场的显示。

（6）船模周围流速分布测量。

（7）船模任意角度多分力测量。

（8）有关船舶岸吸、底吸、船吸等性能实验。

（9）水下机器人的各种分项实验。

（10）波流联合作用实验。

（11）气膜减阻实验。

（12）新型推进仿生实验研究。

（13）海洋钻井平台桩腿水力学实验。

（14）明轮实验研究。

（15）水声拖缆水动力实验。

（16）水下航行体稳定性实验。

3．节能环保新能源方面的应用

（1）新材料涂料的减阻实验研究。

（2）各种风电水电翼型水动力功率效率实验研究。

（3）环保方面，污水的掺混与分离实验。

（4）鱼类运动特性跟踪及相关仿生实验。

五、哈尔滨工程大学循环水槽主尺度及性能指标

哈尔滨工程大学是国内第一座中型水平型循环水槽的建造单位。循环水槽主尺度及性能指标见表 15-1，仅供参考。

表 15-1 哈尔滨工程大学水平型循环水槽主尺度及性能指标

项目	参数
建造年份	1979 年 10 月—1982 年 8 月
形式	水平式
主尺度	17.3 m×6.0 m×2.88 m
工作段尺度	7.0 m×1.7 m×1.5 m
最大流速/(m/s)	2
常用流速/(m/s)	0.3~1.6
需水量/t	120
槽体结构	钢结构、分十段焊接组装，外板厚 8 mm，动力段 16 mm，其余 6 mm
观察窗	侧面底部共计 9 块，最大尺寸 1500 m×1000 m×19 m 材质为普通玻璃
过滤设备	过滤罐循环过滤，过滤速度 7 t/h
吸排气装置	真空泵抽吸式
抑波板	宽 600 mm，厚 15 mm 塑料板制成锯齿形状
蜂窝器	方孔尺寸 60 mm×60 mm、长 300 mm，1 mm 厚玻璃钢板粘接
阻尼网	8 目、直径 0.5 mm 不锈钢丝网，共 2 层
起吊设备	起吊能力 1 t，回转半径 4.5 m
水泵	涵道式轴流泵，叶型 Aa-55-4，盘面比 0.55，螺距比 1.2，直径 1.3 m，叶数 4，材质为锰黄铜
主电机	直流，40 kW，600 r/min
调速装置	可控硅连续可调
传动方式	五根三角皮带传动

六、实验分析与讨论

1. 循环水槽由哪几部分组成？指出循环水槽各分段的作用。
2. 分析循环水槽中能量转换的特性。

第十六章　船模稳性实验

一、实验目的与要求

1. 通过船模倾斜实验，确定船模的初稳性高度 $\overline{GM}$（h），结合已知的船模质量 Δ（排水量）、浮心垂向高度 z_B、横稳心半径 $\overline{BM}$ 等数据，计算船模的重心高度 z_G。

2. 通过船舶倾斜实验，掌握准确测量设计船舶的实际初稳性高度，进而计算其重心高度的方法。

二、实验装置

船模稳性实验装置如图 16-1 所示（非严格比例图）。主要有如下实验装置：

1. 水平型循环水槽。
2. 船模浮态测量仪（倾角传感器）。
3. 数据采集与处理分析系统。
4. 船模（包括压载物）。
5. 标准砝码。

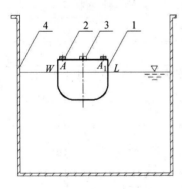
（a）船模在水槽中实验侧视图

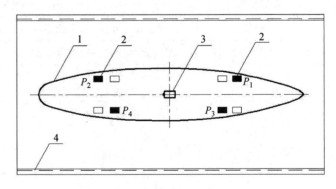
（b）船模在水槽中实验俯视图

1—船模；2—标准砝码；3—倾角传感器；4—循环水槽工作段。

图 16-1　船模稳性实验装置

三、实验原理

船舶的初稳性高度$\overline{GM}$（或h）是衡量船舶稳性的重要指标，因此，正确得到船舶的初稳性高度$\overline{GM}$是十分重要的。其数值可以由下式确定：

$$\overline{GM} = \overline{KB} + \overline{BM} - \overline{KG} \tag{16-1}$$

或

$$\overline{GM} = z_B + \overline{BM} - z_G$$

或

$$h = z_B + \overline{BM} - z_G$$

其中，浮心垂向高度z_B和横稳心半径$\overline{BM}$可以根据船舶的型线图和型值表准确地求得，所以，问题的关键在于确定船舶的重心垂向高度z_G是否精确。

在设计阶段通过计算得到的船舶质量和重心高度，与船舶建成后的实际质量和重心高度往往存在一定的差异。所以，在船舶建成以后通常需要进行倾斜实验，以便准确地求得实际船舶质量和重心高度，以此作为船舶设计中质量和重心位置的最终数据。这些数据不仅可以用来计算该船的初稳性高度，而且可以为后续设计同类型船舶提供参考。

船舶倾斜实验原理：通过已知质量的重物在船模甲板上的水平横向移动，使船舶产生一定的横倾力矩，该力矩与船舶的浮力所产生的复原力矩之间形成的力矩平衡。

当船舶正浮于水线WL时，其排水量为Δ，将船甲板上已知质量的重物P从A点处横向移动到A_1点处，则船舶会产生横倾并浮于新水线W_1L_1处，如图16-2所示。

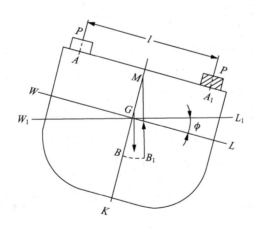

图16-2 船舶横倾状态

此时船舶的重心垂向高度可以看作没有发生变化，若船舶的横倾角度为ϕ，重物的横向移动导致船舶增加了一个横倾力矩M_H，其数值为

$$M_H = Pl\cos\phi \tag{16-2}$$

船舶在横倾ϕ角后，形成复原力矩M_R，其数值为

$$M_R = \Delta \cdot \overline{GM} \cdot \sin\phi \tag{16-3}$$

由于船舶横倾 ϕ 角时已处于平衡状态，因此 $\boldsymbol{M}_H = \boldsymbol{M}_R$，即

$$\Delta \cdot \overline{GM} \cdot \sin \phi = Pl\cos \phi \qquad (16-4)$$

根据式（16-2）和式（16-3），可以求得重物 P 移动后，船舶的横倾角的正切函数为

$$\tan \phi = \frac{Pl}{\Delta \cdot \overline{GM}} \qquad (16-5)$$

式（16-5）也可写为

$$\overline{GM} = \frac{Pl}{\Delta \cdot \tan \phi} \qquad (16-6)$$

已知船舶的排水量 Δ、移动重物的质量 P、重物横向移动的距离 l，则只需测量出船舶的横倾角 ϕ，即可以计算出船舶的初稳性高度 $\overline{GM}$。

船舶的重心垂向高度 z_G 可写成

$$z_G = z_B + \overline{BM} - \overline{GM} \qquad (16-7)$$

根据船舶的排水量 Δ，从静水力曲线图上可查得船舶的浮心垂向高度 z_B、横稳心半径 $\overline{BM}$ 等，进而计算得到船舶的重心垂向高度 z_G。

在有初始纵倾的情况下，测得船舶的纵倾角度 θ，可根据下式求出船舶的重心纵向位置为

$$x_G = x_B + (z_G - z_B) \cdot \tan \theta \qquad (16-8)$$

四、实验方法与步骤

在正式实验之前，应预先测得船模的首、尾吃水以及水的密度（可通过测量水温换算得到），以便准确求出船模的排水量。

船舶倾斜实验通常使用生铁块作为移动重物，在船模倾斜实验中我们可以使用标准砝码予以代替。

将标准砝码分成 P_1、P_2、P_3、P_4 四组，堆放于船模甲板上的指定位置，参见图 16-3。每组砝码的质量应相等，即 $P_1 = P_2 = P_3 = P_4$。

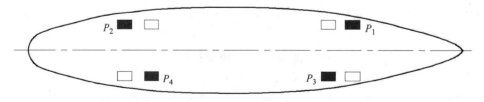

图 16-3 砝码布置图

为了形成足够的倾斜力矩，使船模能够产生 $2° \sim 4°$ 的横倾角，移动砝码的总质量应为船模排水量的 $1\% \sim 2\%$，横向移动的距离 l 约为船宽的 $\frac{3}{4}$。

船模的横倾角 ϕ（或纵倾角 θ），可由船模浮态测量仪（倾角传感器）测得。

为了提高实验结果的精确度，应使被实验的船模反复倾斜几次，即在实验时需按照一定的次序将船模上的各组砝码重复移动多次，每次将砝码做横向移动后，应计算其横倾力矩 M_H 以及测量出相应的横倾角 ϕ。设整个实验共使船模倾斜 n 次，每次相应的倾斜力矩为 M_1，M_2，M_3，$\cdots$，M_n，横倾角为 ϕ_1，ϕ_2，ϕ_3，$\cdots$，ϕ_n，则可以根据下式计算出船模各次横倾的初稳性高度 $\overline{GM}$，然后取其算术平均值，即得船模的初稳性高度 $\overline{GM}$。

$$\overline{GM} = \frac{M_H}{\Delta \cdot \tan\phi} \qquad (16-9)$$

在实际的计算中，也可以使用最小二乘法来求得更准确的 $\overline{GM}$。

$$\overline{GM} = \frac{1}{\Delta} \frac{\sum\limits_{i=1}^{n} M_i \cdot \tan\phi_i}{\sum\limits_{i=1}^{n} \tan^2\phi_i} \qquad (16-10)$$

计算出船模的重心高度为

$$z_G = (z_B + \overline{BM}) - \overline{GM} \qquad (16-11)$$

五、实验结果与要求

将实验结果记录在表 16-1 和表 16-2 中。

1. 记录船模排水量及主尺度。

　　排水量 $\Delta =$ _____ t,　　　　总长 $L_{OA} =$ _____ m,

　　垂线间长 $L_{pp} =$ _____ m,　　　型宽 $B =$ _____ m,

　　型深 $D =$ _____ m,　　　　　平均吃水 $d =$ _____ m。

2. 记录实验情况。

　　气温：_____ ℃,　　　　　　水温：_____ ℃。

表 16-1　砝码的布置情况

组　别	质量/kg	原始位置	重心距基线/m	移动距离/m
第一组	P_1			
第二组	P_2			
第三组	P_3			
第四组	P_4			
总　计	$P_1+P_2+P_3+P_4$			

表 16-2 实验时船模的吃水情况

观察部位	船首吃水 d_F/m	船中吃水 d_M/m	船尾吃水 d_A/m
左舷			
右舷			
平均值			

实验时船模的平均吃水：$d =$ _____ m。

3. 倾斜实验。

将倾斜实验结果记录在表 16-3 和表 16-4 中。

表 16-3 移动力矩及倾斜力矩

序号	质量/kg		移动质量/kg	移动力臂/m	移动力矩/(N·m)	倾斜力矩 $M/(N \cdot m)$	
	左舷	右舷				自右舷移至左舷	自左舷移至右舷
1	P_1						
		P_3					
		P_4					
	P_2						
2	P_1						
	P_3						
		P_4					
	P_2						
3	P_1						
	P_3						
	P_4						
	P_2						
4	P_1						
	P_3						
		P_4					
	P_2						
5	P_1						
		P_3					
		P_4					
	P_2						

续表

序号	质量/kg		移动质量/kg	移动力臂/m	移动力矩/(N·m)	倾斜力矩 M/(N·m)	
	左舷	右舷				自右舷移至左舷	自左舷移至右舷
6		P_1					
		P_3					
		P_4					
	P_2						
7		P_1					
		P_3					
		P_4					
		P_2					
8		P_1					
		P_3					
		P_4					
	P_2						
9	P_1						
		P_3					
		P_4					
	P_2						

表 16-4 横倾角度

序号	横倾角/(°)	数值
1	—	
2	ϕ_1	
3	ϕ_2	
4	ϕ_3	
5	—	
6	ϕ_4	
7	ϕ_5	
8	ϕ_6	
9	—	

4. 数据分析计算。

（1）根据船模的平均吃水 $d =$ _____ m，在船舶静水力曲线图上可查得：

排水量 $\Delta =$ _____ t，浮心高度 $\bar{z}_B =$ _____ m，横稳心半径 $\overline{BM} =$ _____ m，横稳心高度 $\bar{z}_B + \overline{BM} =$ _____ m。

（2）计算船模的初稳性高度（表 16-5）。

表 16-5　船模的初稳性高度

序号	倾斜力矩 M	倾角正切值 $\tan\phi$	$M \times \tan\phi$	$\tan^2\phi$	$M/\tan\phi$	初稳性高度 $\overline{GM}$
	I	II	III = I × II	IV = II²	V = I / II	VI = V / Δ
1	—	—	—	—	—	—
2	$P_3 \cdot l$	$\tan\phi_1$				
3	$(P_3 + P_4) \cdot l$	$\tan\phi_2$				
4	$P_3 \cdot l$	$\tan\phi_3$				
5	—	—	—	—	—	—
6	$P_1 \cdot l$	$\tan\phi_4$				
7	$(P_1 + P_2) \cdot l$	$\tan\phi_5$				
8	$P_1 \cdot l$	$\tan\phi_6$				
9	—	—	—	—	—	—
Σ						

$$\overline{GM}_{(算术平均值)} = \frac{1}{6} \times \sum \text{VI} = \underline{\qquad} \text{m} \qquad (16-12)$$

$$\overline{GM}_{(最小二乘方法)} = \frac{1}{\Delta} \times \frac{\sum \text{III}}{\sum \text{IV}} = \underline{\qquad} \text{m} \qquad (16-13)$$

（3）计算船模的重心高度。

$$z_G = (z_B + \overline{BM}) - \overline{GM} = \underline{\qquad} \text{m} \qquad (16-14)$$

六、实验分析与讨论

1. 船舶液舱的自由液面会对船舶的初稳性高度产生什么影响？

2. 船模倾斜实验中移动砝码的质量为排水量的 1%～2%，是否移动砝码质量越大越好？为什么？

3. 船模存在初始纵倾是否会对倾斜实验结果产生影响？试分析说明。

第十七章　机翼升力及阻力特性实验

一、实验目的与要求

1. 通过操作实验设备，测量出对称机翼模型在水流作用下的受力（阻力、升力及扭矩），进而求取机翼的阻力、升力以及压力中心系数与迎流攻角之间的关系等。

2. 了解和掌握机翼升力及阻力的实验测量方法。

3. 通过实验进一步加深对机翼受流体作用机理的理解。

二、实验装置

机翼升力及阻力特性实验装置如图 17-1 所示。

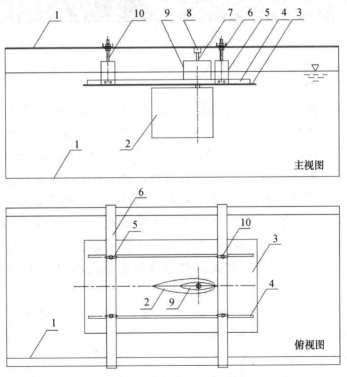

1—水槽工作段；2—机翼；3—假底板；4—加强筋；5—支撑臂；
6—横梁；7—翼轴；8—测力天平；9—导流罩；10—支撑杆。

图 17-1　机翼升力及阻力特性实验装置图

机翼升力及阻力特性实验的主要仪器设备包括：循环水槽（或拖曳水池）系统、机翼模型安装与固定装置、机翼转角及运动调控系统、假底装置、导流罩、应变式三分量测力天平（机翼三分力仪）、水温测量仪（温度计）、数据采集与分析处理系统等，如图17-2所示。

图17-2 实验仪器照片（实验中）

1. 循环水槽系统

循环水槽系统是整个实验系统最重要的组成部分，也是模型实验装置的载体。其包括循环水槽、动力系统、流速测量系统、流速调控系统、水净化处理系统等。机翼实验装置固定安装在循环水槽的工作段，水槽工作段的侧面和底面安装有透明玻璃观察窗，便于实验期间观察模型状态及实验现象；动力系统则包含了电控系统、电机及传动系统、轴流泵等，通过电控系统控制电机转动，进而带动轴流泵工作，驱动安装在循环管道内的桨旋转，推动水在水槽内循环流动；流速调控系统的主体是一台工控机，内置控制软件，与部分插件一起安放在一个综控台内，与动力系统、流速测量系统相连，通过软件可根据需要实现对水槽流速的启动、调控和测量等控制。

循环水槽（工作段）主尺度：6.0 m（长度）×1.70 m（宽度）×1.50 m（水深）。稳定流速范围：0.30～2.0 m/s。

2. 机翼模型安装与固定装置

机翼模型通过翼轴垂直向上与实验装置框架内的旋转轴相连，整个实验装置框架固定安放在水槽工作段的槽壁上。实验装置框架内设有多台驱动电机和传动机构，可通过旋转轴和翼轴对机翼的垂向位置、水平转角进行调节，旋转轴的顶端设有转角刻度盘，可对机翼的水平转角进行微幅调整和指示。

3. 机翼转角及运动调控系统

该系统由多台驱动电机、传动机构和控制器等组成，通过电缆相连。控制器内置有单片机和控制程序，操作人员通过控制器面板上的旋钮和按键来实现对驱动电机的控制与调节，驱动电机连接传动机构带动旋转轴，使其下方的机翼产生静态或动态转角。

机翼转角可调整范围：$-50° \sim 50°$。

4. 三分量测力天平

三分量测力天平是整个实验系统的关键部件，通常为应变式测力传感器。三分量测力天平整体为一个弹性敏感元件，在其内部变形敏感部位粘贴有多组电阻应变片，并相互之间连接为桥式电路，再通过测量电路导线与后方的数据采集器相连。三分量测力天平通过螺栓与翼轴和旋转轴上下端面的法兰盘相连，当机翼在水流的作用下受力时，会使三分量测力天平的弹性敏感元件产生相应方向上的弹性变形，进而带动粘贴其上的各个应变片变形，导致电阻值发生变化，最终通过测量电路输出变化的电压（或电流）信号。

量程为 F_x、$F_y \leqslant 800$ N，$M_z \leqslant 80$ N·m；精度为 0.5%。

5. 数据采集与分析处理系统

该系统由数据采集器、计算机及数据线等组成。数据采集器内置有模拟/数字（A/D）转换卡，可将由测量电路传输过来的模拟电压（或电流）信号转变为计算机可以识别的数字信号，存储在计算机硬盘中。计算机中安装有专门的采集与分析处理软件，可以对采集到的数据进行分析与处理。

6. 假底装置

该装置由假底板、支撑臂、横梁、透明观察窗、导流罩等组成，其主要作用是消除水面波动对机翼模型周围流场的影响。假底板的下表面光洁平整，并保证与机翼模型的上端面保持 $2 \sim 3$ mm 的间隙；假底板上表面安装有纵向加强筋。假底板通过四个支撑臂与上端的横梁连接，垂向位置可调，横梁固定在槽壁上，支撑臂穿过水面的部分被设计成流线型剖面，以尽可能减小对流场的干扰和自身阻力。在假底板上安装机翼模型的位置设有可拆透明观察窗，便于拆卸、更换机翼模型和观察机翼模型的状态。

7. 导流罩

为防止翼轴在水流冲击下产生涡激振动，同时也为了避免在三分量测力天平所测得的机翼模型受力中包含翼轴受力的成分，在假底板上表面的翼轴穿过水面的位置安装流线型导流罩。该导流罩固定在假底板上，并确保与翼轴无接触。

三、实验原理

水槽的流速应满足模型实验雷诺数大于临界值。

$$Re = \frac{U \cdot b}{\nu} \geqslant (5 \sim 6) \times 10^5 \qquad (17-1)$$

式中　U——水流速度，单位为 m/s；

　　　b——机翼模型的平均弦长，单位为 m；

　　　ν——水的运动黏性系数，单位为 m²/s。

当机翼模型的迎流攻角为 α 时，由三分量测力天平测得的水流作用于机翼模型上的力 P，可分解为沿水流方向的阻力 D 和垂直于水流方向的升力 L。由于实验中三分量测力天平（传感器）是安装在翼轴上的，其随机翼模型一起转动，所以三分量测力天平（传感器）可直接测得沿机翼的弦线（Ox）方向的切向力 T（F_x）、垂直于机翼的弦线（Ox）方向的法向力 N（F_y）以及绕翼轴 B 的扭矩 M_z。故所测得的机翼模型各向力分量与机翼模型沿水流方向的阻力 D、垂直于流向的升力 L 以及绕翼轴 B 的扭矩 M_z 相互之间的关系如图 17-3 所示，其中 O 为机翼模型受力的压力中心。

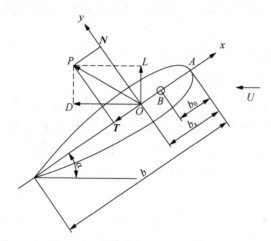

图 17-3　机翼模型受力分解示意图

阻力：
$$D = N\sin\alpha + T\cos\alpha \qquad (17-2)$$

升力：
$$L = N\cos\alpha - T\sin\alpha \qquad (17-3)$$

扭矩：
$$\boldsymbol{M}_z = \boldsymbol{N}(b_x - b_0) \qquad (17-4)$$

阻力系数：
$$C_D = \frac{D}{\frac{1}{2}\rho U^2 S} \qquad (17-5)$$

升力系数：
$$C_L = \frac{L}{\frac{1}{2}\rho U^2 S} \qquad (17-6)$$

压力中心系数：
$$C_P = \frac{b_x}{b} \tag{17-7}$$

其中：

α——机翼模型的迎流攻角，单位为（°）；

S——机翼模型的面积，单位为 m^2；

U——实验时的水流速度，单位为 m/s；

b_x——机翼模型压力中心至剖面首缘的距离，单位为 m；

b_0——翼轴至剖面首缘的距离，单位为 m；

b——机翼模型的平均弦长，单位为 m。

四、实验方法与步骤

（1）在正式实验之前，需对三分量测力天平进行标定检测，以取得该测力天平的各向力灵敏度系数（K_x、K_y、K_m）。

（2）将假底装置整体吊装安放在水槽工作段的合适位置，并用夹具固定，通过调节其四个支臂的入水深度，确保假底板下表面水平且处于合适的水下深度。

（3）将机翼模型（含翼轴）、三分量测力天平及机翼模型与固定装置装配在一起，再整体吊装安放在水槽中适当的位置，使机翼模型处于假底观察窗的下方。

（4）通过机翼转角及运动调控系统驱动垂向电机调整机翼模型的入水深度，使机翼模型的上端面与假底板下表面之间的间隙保持在 2～3 mm。

（5）安装假底观察窗和导流罩。

（6）连接好导线，通电并检查各仪器、仪表及数据采集与分析处理系统工作是否正常，并将机翼模型调整至水动力攻角为零的状态。

（7）启动数据采集与分析处理系统，平衡清零并记录下各向力信号的零值。

（8）通电，启动并调整水槽流速调控系统，改变水槽中水的流速至所需值。

（9）待流速稳定后，通过数据采集与分析处理系统，对机翼模型上所受到的作用力进行测量和记录。

（10）航次测量记录完成后，通过机翼转角及运动调控系统调整模型的迎流攻角，待其稳定后重复上述步骤，进行下一航次（水动力攻角）的实验测量。

具体实验时，机翼模型的迎流攻角可从 $-5°$ 开始，以 $5°$ 为间隔向上递增（如：$-5°$、$0°$、$5°$、$10°$……），直到失速为止。在机翼模型升力曲线的峰值附近，可将机翼模型迎流攻角的调整间隔适当减小至 $1°～2°$。

（11）当所测得的机翼模型法向力不再增加（失速），则停止机翼转角的增加。逐渐调小机翼转角直至其迎流攻角为 $0°$，测量并记录下此时机翼模型的受力，以检验机翼转角复位情况。

（12）通过水槽流速调控系统，逐渐调小水槽流速直至停止。待水流稳定后，测量并记录下此时机翼模型的受力，以检验测量系统的零漂情况。

（13）实验完毕，关闭水槽流速调控系统、机翼转角及运动调控系统、数据采集与分析处理系统等。

（14）记录实验水温。

五、实验结果与要求

1. 记录有关常数。

（1）实验室名称：＿＿＿＿＿＿＿，　实验日期：＿＿＿＿＿＿＿，

实验流速：$U =$ ＿＿＿m/s，　　水温：$T =$ ＿＿＿℃。

（2）机翼模型参数。

机翼类型：＿＿＿＿＿＿＿，　　　机翼剖面形式：＿＿＿＿＿＿，

机翼模型的面积 $S =$ ＿＿＿m^2，　　机翼模型的展长 $h =$ ＿＿＿m，

机翼模型的上端面弦长 $b_1 =$ ＿＿＿m，下端面弦长 $b_2 =$ ＿＿＿m，

机翼模型的平均弦长 $b =$ ＿＿＿m，　厚度弦长比 $t/b =$ ＿＿＿，

翼轴至剖面首缘之间的距离 $b_0 =$ ＿＿＿m，

数据采集与处理分析系统：＿＿＿＿＿＿＿＿＿。

2. 整理记录表、计算表。

将实验数据及计算结果填入表 17-1、表 17-2、表 17-3 中。

表 17-1　实验数据记录表

序号	迎流攻角 α/（°）	切向力 T/N		法向力 N/N		扭矩 M_z/（N·m）	
1	-5						
2	0						
3	5						
4	10						
5	15						
6	20						

表 17-2 升力、阻力计算表

序号	迎流攻角 α/(°)	切向力 T/N	法向力 N/N	阻力 D（$=N\sin\alpha + T\cos\alpha$）/N	升力 $L = N\cos\alpha - T\sin\alpha$）/N	压力中心距剖面首缘的距离 $b_x\left(=b_0 + \dfrac{M_z}{N}\right)$/m
1	-5					
2	0					
3	5					
4	10					
5	15					
6	20					

表 17-3 升力、阻力系数计算表

序号	迎流攻角 α/(°)	水温 T/℃	密度 ρ/(kg/m³)	阻力系数 $C_D = \dfrac{D}{\frac{1}{2}\rho U^2 S}$	升力系数 $C_L = \dfrac{L}{\frac{1}{2}\rho U^2 S}$	压力中心系数 $C_P = \dfrac{b_x}{b}$
1	-5					
2	0					
3	5					
4	10					
5	15					
6	20					

3. 绘制曲线图。

根据表 17-3 中的相关数据，绘制机翼模型的阻力系数 C_D、升力系数 C_L 以及压力中心系数 C_P 随机翼模型迎流攻角 α 变化的关系曲线图。

六、实验分析与讨论

（1）由上述实验数据和相关系数曲线图判断增大迎流攻角是否意味着机翼可以提供更大的升力？达到"失速"角后，机翼模型的升力、阻力曲线会出现何种变化？

（2）现实情况常常是根据该型机翼的"失速"角和升阻比大小来判断某型机翼的水动力性能优劣。如何通过改进机翼剖面的形式提高机翼的"失速"角和升阻比？

（3）除了对称形式的 NACA 剖面的机翼，还有哪些形式的机翼？

（4）导致实验结果产生误差的因素有哪些？

第十八章　矩形弯管压强分布测量实验

一、实验目的与要求

1. 熟悉流体流经矩形弯管时腔体内流体压强变化规律；
2. 测定沿流内、外侧壁压强分布规律并计算压力系数；
3. 测定沿断面径向的压强分布规律并计算压力系数。

二、实验装置

　　矩形弯管压强分布测量实验装置主要由恒压供水箱、实验台、调速器、径向测点、外测点、毕托管、矩形弯管、内测点、溢流板、稳水孔板、恒压水箱、连接软管、测压管、测压管支架、流量控制阀等组成，如图 18-1 所示。

　　流体由恒压水箱经过收缩段整流后，匀速流入矩形弯管，经矩形弯管过渡段、接回水管流回恒压水箱。本实验的矩形弯管压强分布测量段详细尺寸见图 18-2。在弯管内壁、外壁分别布置 10 个测点，在 45°角分线径向均匀布置 9 个测点，进口处布置一个参考测压孔。所有测点均与多管测压板对应连接。矩形弯管厚度为 $b = 120$ mm，其他尺寸见图 18-2，单位均为 mm。

三、实验原理

　　管道的弯曲迫使流体质点由直线运动变为曲线运动。流体质点除了受重力和黏滞力的作用，还要受离心力的作用，而管道壁面存在边界层，流动结构十分复杂。由于离心力的作用，弯管内侧流动速度大而外侧流动速度小，则管道外侧压强大于内侧压强，内、外侧的压强差将导致局部的二次流动，这个流动会叠加在主流上，因此从弯管流出的流体是一对彼此反向旋转的螺旋形流动，其强度取决于弯管曲率半径的大小和边界层的厚度。

1. 压力系数定义

　　流体在物体表面某点 i 因速度产生的压力 p_i，用水柱高度表示为 h_i，但一般用无量纲参数——压力系数 C_p 来表示。

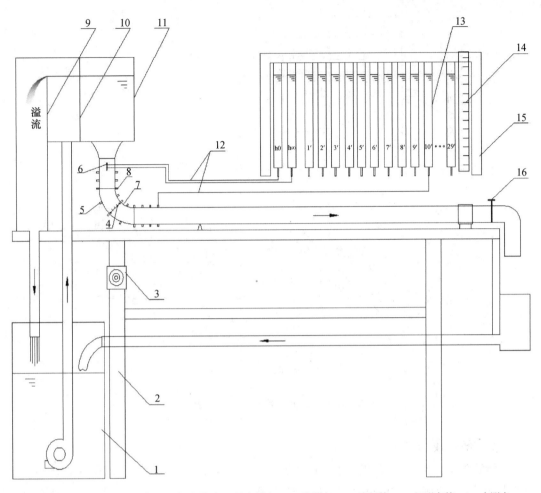

1—恒压供水箱；2—实验台；3—调速器；4—径向测点；5—外测点；6—毕托管；7—矩形弯管；8—内测点；

9—溢流板；10—稳水孔板；11—恒压水箱；12—连接软管；13—测压管；14—滑尺；

15—测压管支架；16—流量控制阀。

图 18-1　矩形弯管压强分布测量实验装置

$$C_p = \frac{p_i - p_\infty}{\frac{1}{2}\rho u_\infty^2} = \frac{p_i - p_\infty}{p_0 - p_\infty} = \frac{h_i - h_\infty}{h_0 - h_\infty} \qquad (18-1)$$

式中　p_i——测点 i 处压力，其对应压强用水柱高度表示为 h_i；

　　　p_∞——无穷远处压强，其对应压强用水柱高度表示为 h_∞；

　　　p_0——来流总压强，其对应压强用水柱高度表示为 h_0；

　　　u_∞——无穷远处流体速度；

　　　ρ——流体的密度。

h_0、h_∞ 由入口处速度传感器（毕托管）测出，h_i 由测压板测量得出。

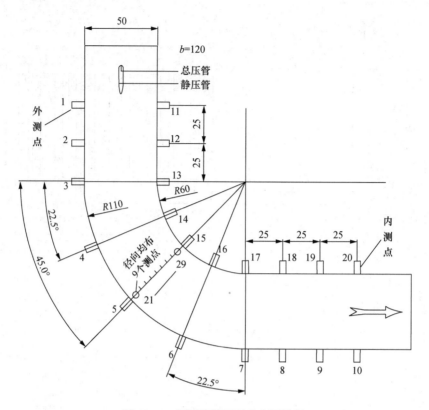

图 18-2　矩形弯管压强分布测量段

2. 压力系数计算

弯管内部流动非常复杂，假设不考虑二次流动和流体与边壁分离的影响，认为弯管内部沿径向为势涡的流速分布，即对边界条件和流动态势做简化处理，得出任意半径 r 处的压力系数为

$$C_p = 1 - \left[\frac{r_2 - r_1}{r \cdot \ln(r_2/r_1)}\right]^2 \qquad (18-2)$$

式中　C_p——任意半径 r 处的压力系数；

　　　r——弯管径向任意一点的曲率半径；

　　　r_1——弯管内侧曲率半径，$r_1 = 60$ mm；

　　　r_2——弯管外侧曲率半径，$r_2 = 110$ mm。

3. 弯管的压强损失系数计算

弯管的压强损失 Δp 可由弯管上游断面与弯管出口断面的平均压强差值得到，如认为出口断面流速分布已经基本均匀，其压强损失系数为

$$K = \frac{\Delta p}{p_0 - p_\infty} = \frac{p_\infty - (p_{10} + p_{20})/2}{p_0 - p_\infty} = \frac{h_\infty - 0.5(h_{10} + h_{20})}{h_0 - h_\infty} \qquad (18-3)$$

式中　K——弯管的压强损失系数；

p_0——来流总压强，其对应压强用水柱高度表示为 h_0；

p_∞——无穷远处的压强，其对应压强用水柱高度表示为 h_∞；

Δp——入口处断面和出口处断面压强差；

h_{10}、h_{20}——测点 10 和 20 的测压管水头。

四、实验方法与步骤

1. 调整多管测压板使其水平泡居中，检查所有测点和测压板测压管对应关系，确保无误，同时熟悉各测点的具体位置。

2. 打开电源开关，待溢流后，快速开关流量控制阀超过 16 次，排净所有测压管中的气体，直到所有测压管液面齐平，即和恒压水箱液面齐平。

3. 调节流量控制阀，观察测压管液面接近最高值，但不超过量程范围，并且各测压管液面稳定不波动，停止调节阀门。

4. 保持流量控制阀不动，稳定 2～3 min，待压力传递稳定后，测记所有测压管数据并填入表 18-1 中。

5. 实验完毕，关闭电源，确定流量控制阀处于打开的状态，确保管内水回流自循环供水器。

表 18-1　弯管内侧、外侧、径向压能水头及压力系数记录计算表

外侧测点			内侧测点			径向测点		
测点编号	h_i	C_p	测点编号	h_i	C_p	测点编号	h_i	C_p
1			11			21		
2			12			22		
3			13			23		
4			14			24		
5			15			25		
6			16			26		
7			17			27		
8			18			28		
9			19			29		
10			20					

五、实验结果与要求

1. 记录有关常数。

实验装置台号 No. _____。

弯管厚度 b = ____mm，恒压水箱液面高程 ∇ = ____mm。

弯管内侧曲率半径 r_1 = ____mm，弯管外侧曲率半径 r_2 = ____mm。

2. 在表 18-1 和表 18-2 中记录各测点压强。

表 18-2　弯管径向压力系数理论值计算

测点	r/mm	C_p	$C_{p理}$
21	65		
22	70		
23	75		
24	80		
25	85		
26	90		
27	95		
28	100		
29	105		

3. 绘制曲线。

（1）依托弯管，绘制内侧、外侧压力系数分布曲线，即分别以各点为 x 坐标，以该点法线方向为 y 坐标方向，如图 18-3 所示。若 C_p 值为正，则在管外绘制；若 C_p 值为负，则在管内绘制。

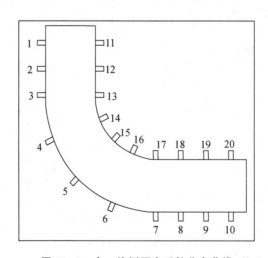

图 18-3　内、外侧压力系数分布曲线

（2）在弯管上，以45°线为 x 轴，以压力系数为 y 轴，如图18-4所示，绘制法线方向理论和实际压力系数分布曲线。

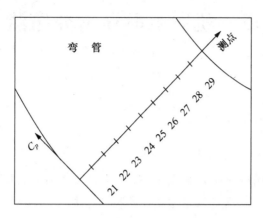

图18-4　法线方向压力系数分布曲线

六、实验分析与讨论

实验表明，弯管进口断面上的压强分布基本是均匀的，当流体通过转弯处时，内侧壁面压强迅速下降，而外侧壁面压强则迅速增加，在整个弯管曲线段，压强的变化却很小，说明流线的曲率半径也是维持不变的。沿径向断面的压力系数，其实测值和简化计算值很接近。

弯管下游壁面的压强，在流体经过调整后，于弯管出口处已基本恢复为均匀分布状态，但此时的压强值低于进口处的压强值，这一差值即为弯管造成的压强损失 Δp。雷诺数越大，这个差值也越大。

（1）试分析沿弯管流体流动可能产生分离现象的部位，弯管作为管道连接部件，分析其产生局部水头损失的原因，分析局部水头损失与哪些因素有关。

（2）流体通过弯管时，下游能否产生二次流动？

（3）在本实验中，为什么矩形弯管径向压强测点设置较密？

（4）在本章公式（18-3）中，分子项 $p_\infty - (p_{10} + p_{20})/2$ 可以用 $p_\infty - p_{10}$ 或 $p_\infty - p_{20}$ 代替吗？为什么？

第十九章　机翼表面压力分布测量实验

一、实验目的与要求

1. 学习机翼表面压力分布的测量方法。
2. 测定在不同冲角下机翼的表面压力分布并绘制压力分布系数曲线。
3. 掌握物体表面压力分布测量中测点的制作方法。

二、实验装置

1. 水平型循环水槽

机翼表面压力分布测量实验，一般在循环水槽或者风洞中进行。哈尔滨工程大学循环水槽工作段（稳定流场段）主尺度为长 7 m × 宽 1.7 m × 深 1.5 m，工作段流场速度为 0.2 ~ 2 m/s，流速无级可调，速度传感器（毕托管）位于工作段右前方。详见图 19-1。

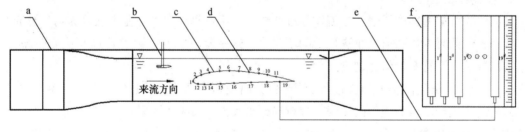

a—循环水槽；b—速度传感器（毕托管）；c—机翼；d—测点；e—传压软管；f—多管测压板。

图 19-1　机翼表面压力分布测量实验装置

2. 机翼表面压力分布测量系统基本组成及连接

机翼采用 NACA-4412 翼型。为了安装测点方便，翼型采用空心结构，材料为树脂玻璃钢，壁厚为 6 mm。共布置 19 个测点，参见图 19-2 和图 19-3，测点采用细不锈钢管预先安装，不锈钢管外径为 2.2 mm、壁厚为 0.15 mm。测点和多管测压板之间连接的传压软管是外径为 3.4 mm、内径为 2 mm 的 PVC 透明软管。多管测压板由 19 根长 1.2 m、直径 10 mm 的有机玻璃管组合而成。实验时，把翼型固定在水槽工作段中，测压板放在水槽外边的适当位置，尽可能靠近水槽，以使传压软管传压快一些。零流速时，测压管中水位在测压管中间位置即可。多管测压板位置不要太低，要留出测量动压水头的高度。

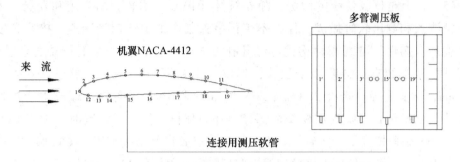

图 19-2　循环水槽中机翼表面压力分布测量实验的测点分布

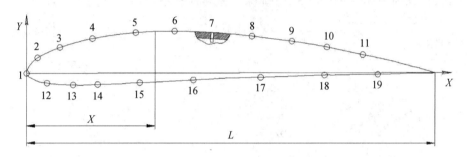

图 19-3　机翼表面测点位置示意图

注：各测点结构均和测点 7 一样，其他只画出位置，用"○"表示。

3. 测点设计制作与安装注意事项

（1）制作测点用的细不锈钢管以及连接测点和测压板的传压软管，内径应为 2 mm 左右，在测量压力梯度比较大的曲面压力分布时，应采用更小的内径，并适当加密测点；但内径也不能太小，否则会使压力不能及时、准确地传递而产生误差。水介质流体测点内径不应小于 1 mm，风洞中测量空气压力分布时测点内径不应小于 0.2 mm。

（2）开孔方向是该测点的法线方向，这是最重要的一点，尤其对于壁厚较大的模型，钻孔一旦形成，其开孔方向就无法改变了。对于壁厚小的模型，在采用胶固定式时，应反复确认测点的开孔方向是该点法线方向后再粘接牢固。注意：开孔方向一定是该点法线方向，否则所测得的值就不是该点的动压力。不规则曲面上点的法线方向的定义很严格，应先学习材料力学、理论力学和高等数学的相关知识，其中有更详细的法线法向定义的介绍。表面测点注意事项参见图 19-4。

（3）测点定位要准确。可以借助激光经纬仪等确定模型正交方向及各点的坐标等。利用科技手段能大大提高定位精度。

（4）开孔钻头的直径与用于制作测点的不锈钢管外径之间的配合应协调，尺寸不宜过大。

（5）以上是比较传统的做法，随着新材料 PVC 透明软管的应用和发展，如今可以把测点和测压软管做成一体，不用再单独制作细不锈钢管测点。PVC 透明软管强度高，韧性、可观测性均优异。开孔方向还是按以上介绍的传统方法去做。注意开孔钻头的直径应略小于软管，如用上文介绍的 PVC 透明软管，其外径是 3.4 mm，钻头直径可选择 3.3 mm 或 3.2 mm。将 PVC 透明软管端部进行拉伸处理，使其变得细长，随后从模型内部穿出并向外拉，待感觉略紧时，表明 PVC 透明软管已无法再拉细了，然后从模型内部用玻璃胶将其粘接牢固，待玻璃胶完全凝结后，用刀片在模型外部沿该点切线方向切除露在外面的 PVC 透明软管，以确保端口平整完全贴合于所在表面，至此一个测点就制作完成了。此方法的优点是测点和测压软管成为一体（图 19-5），确保了密封性和稳定性，且简单、经济。

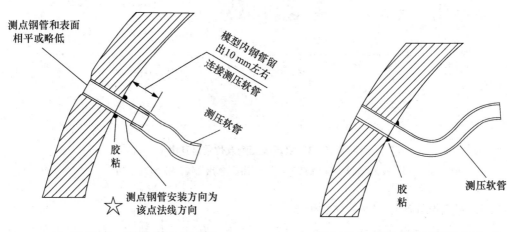

图 19-4　表面测点注意事项　　　　图 19-5　测点和测压软管成为一体

本实验测点选用外径为 2.2 mm、壁厚为 0.15 mm 的不锈钢管制作，配合外径为 3.4 mm、内径为 2 mm 的 PVC 透明软管，松紧度及密封度均达到适宜状态。

4. 用速度传感器（毕托管）测量 h_0、h_∞、u_∞

在循环水槽工作段右前方安装一个速度传感器（毕托管），可以测得 h_0、h_∞、u_∞。速度传感器（毕托管）安装位置受模型安装等其他因素影响最小。

5. 翼型型号、型线坐标及测点位置坐标

弦长为 40 mm 的 NACA-4412 型机翼的型线坐标见表 19-1。机翼表面布设的 19 个测点的位置见表 19-2。

表 19-1　弦长为 400 mm 的 NACA-4412 型机翼的型线坐标

单位：mm

坐标	序号																	
	1	2	3	4	5	6	7	8	9	10	11	12	13	14	15	16	17	18
X	0	5	10	20	30	40	60	80	100	120	160	200	240	280	320	360	380	400
Y 上缘	0	9.45	13.89	19.16	23.4	26.75	31.87	35.42	37.86	39.46	39.55	37.2	32.78	27.24	19.18	10.96	5.81	0
Y 下缘	0	−5.55	−7.85	−10	−11	−11.5	−11.75	−11.0	−10.02	−9.14	−7.05	−5.0	−3.95	−2.5	−1.69	−1.0	−0.23	0

表 19-2　机翼表面布设 19 个测点的位置

单位：mm

坐标	序号																		
	1	2	3	4	5	6	7	8	9	10	11	12	13	14	15	16	17	18	19
X	1	11	32	64	106	144	181	220	259	293	328	20	46	69	110	163	229	291	343

三、实验原理

1. 本实验是伯努利能量方程原理的应用，即能量要素可以相互转换，如动能（速度能）转换成压力能。

2. 当流体绕流某物体时，该物体表面任意一点的压力，是指由该点流速的法向分量产生的动压力，一般以水柱高度表示。

3. 压力系数定义

当流体绕流某物体时，因速度在其表面某点 i 产生的压力为 p_i，用水柱高度表示为 h_i，一般用无量纲参数——压力系数 C_p 来表示压力。

$$C_p = \frac{p_i - p_\infty}{\frac{1}{2}\rho u_\infty^2} = \frac{p_i - p_\infty}{p_0 - p_\infty} = \frac{h_i - h_\infty}{h_0 - h_\infty} \tag{19-1}$$

即
$$C_p = \frac{h_i - h_\infty}{h_0 - h_\infty} \tag{19-2}$$

式中　p_i——测点 i 处的压力，其对应压强用水柱高度表示为 h_i；

p_∞——无穷远处的压强，其对应压强用水柱高度表示为 h_∞；

p_0——来流总压强，其对应压强用水柱高度表示为 h_0；

u_∞——无穷远处的流体速度；

ρ——流体的密度；

h_0、h_∞——由入口处速度传感器（毕托管）测出；

h_i——实验主要测量量，由多管测压板测量得出。

4. 速度传感器（毕托管）的能量转换作用

为了使读者更好地理解流体中的能量转换特性，现补充毕托管实验课中的内容。

如图 19-6 所示，最初的毕托管是一根呈直角弯曲的透明玻璃管，其管壁上有刻度标记。把该管放入静水中，管内、管外水面相平；把该管放入流场中，前端开孔正对着来流方向，把前端开孔简化为一点（叫作驻点），对应开孔的流束简化为一条流线。这条流线流到驻点以后就停止了，它的速度能（动能）就完全转换成势能（压力能），使玻璃管内水面升高，升高的高度 Δh 叫作速度水头或动水头，是速度能引起的压力能水头的增加。知道了 Δh，根据伯努利能量方程中的流速计算公式就能求得测点流速 $u = \sqrt{2g \cdot \Delta h}$；反之，知道了流速 u，就能求出 Δh。

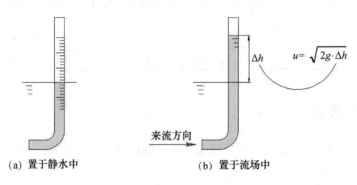

（a）置于静水中　　　　　（b）置于流场中

图 19-6　最初的毕托管

5. 其他问题

p_0、p_∞ 分别为来流总压强和静压强，其对应压强分别用水柱高度 h_0、h_∞ 表示，一般采用速度传感器（毕托管）处的总压强和静压强。无穷远处的流速为 u_∞，实验计算中都是指速度传感器（毕托管）处的速度，也由毕托管测得。

实验雷诺数的选择原则：若项目有雷诺数要求，则根据相似原理换算得出本水槽对应流速；若没有雷诺数要求，则现场观察模型后边的水面，当水面平稳，各测压管液面也平稳不波动时，选择此时的最大流速和次流速再各测一组数据，比较两次所得的数据曲线，选择曲线光顺、符合原理的作为合适流速，曲线不理想的还要适度降低雷诺数。

实验条件下的雷诺数为

$$Re = \frac{u_\infty b}{\nu} \tag{19-3}$$

式中　b——机翼的弦长；

ν——流体运动黏性系数；

u_∞——来流速度，即无穷远处的流体速度。

四、实验步骤

1. 在循环水槽中初步安装固定好模型，把多管测压板安放到合适位置，把从测点引出的传压软管和测压板连接起来，注意对应关系。

2. 用洗耳球或抽气机排除连接软管中的气体，使测压板的各测压管和水槽形成连通器，将多管测压板的水平泡调到中心位置。若各测压管液面齐平，表明各测压管气体均已经排尽；若不齐平，表明还有气泡。洗耳球对准不平管嘴吸气，排除气体，直到所有测压管液面都齐平。

3. 调校测点 1（驻点）。将驻点对准来流，打开水槽电源开关，使流速等于 0.45 m/s，在驻点附近上下来回微微转动模型，当压力值最大时就是驻点位置，也就是模型安装位置。同时要校验弦长方向是否平行于水槽侧壁，没有问题后固定好模型。

4. 调水槽控制开关，使流速等于设定实验流速 0.75 m/s，待压力传递稳定后（3～4 min），记录测压板上各测压管读数 $h_1 \sim h_{19}$ 于表 19-3 中，同时记录此时速度传感器（毕托管）的 h_0 和 h_∞。

5. 改变机翼攻角为 5°，待压力稳定后，再测量一组并记录数据。

6. 实验结束后，关闭水槽电源，拆卸模型并将所有实验器物归位。

五、实验结果与要求

1. 记录实验常数及实验数据（表 19-3）。

实验段长 = ＿＿＿ m，实验段宽 = ＿＿＿ m，实验段深 = ＿＿＿ m，

水温 t = ＿＿＿ ℃，机翼弦长 b = ＿＿＿ mm，实验流速 u = ＿＿＿ m/s，

h_0 = ＿＿＿ cm，h_∞ = ＿＿＿ cm。

表 19-3　机翼表面压力分布测量实验数据（Ⅰ 为 0°攻角、Ⅱ 为 5°攻角）

序号	Ⅰ	Ⅱ	Ⅰ		Ⅱ	
	h_i	h_i	$h_i - h_\infty$	$C_p = \dfrac{h_i - h_\infty}{h_0 - h_\infty}$	$h_i - h_\infty$	$C_p = \dfrac{h_i - h_\infty}{h_0 - h_\infty}$
1						
2						
3						
4						
5						

序号	I	II	I		II	
	h_i	h_i	$h_i - h_\infty$	$C_p = \dfrac{h_i - h_\infty}{h_0 - h_\infty}$	$h_i - h_\infty$	$C_p = \dfrac{h_i - h_\infty}{h_0 - h_\infty}$
6						
7						
8						
9						
10						
11						
12						
13						
14						
15						
16						
17						
18						
19						

2. 实验要求。

根据表 19-3 的数据，以 X/L 为横坐标、C_p 为纵坐标，绘制不同攻角下的 $C_p = f(X/L)$ 的分布曲线。

六、实验分析与讨论

测量流场中不规则物体表面的压力分布，是工程实践和科研中经常遇到的工作，即使用流体软件计算，也常常需要给出边界点或关键点的压力数值，没有理论值，需要用实验的方法实测。本实验给出的测量机翼表面压力分布的方法具有普遍适用性，可以推广到测量流场中其他不规则形状物体表面的压力分布。类似实验操作中的难点和注意事项如下。

1. 本实验的主要原理，是伯努利能量方程中能量要素可以相互转换，即动能转换成压力能。

2. 测点布设注意事项。曲率大的面，布设点尽可能密一些，制作测点的管径也应小一些；反之，则测点布置可以疏一些。

3. 随着新材料 PVC 透明软管的出现，一般不再采用安装单独金属管测点及连接传压管的方式，而用 PVC 透明软管直接代替，即 PVC 透明软管既当作测点，也作为连接传压管。甚至在某些情况下，这个连接管还可以直接当测压板用，即一条 PVC 透明软管可以完成"测点 + 传压连接软管 + 测压板"的功能，能节约成本并增加实验数据可靠性和稳定性，尤其适合单次实验。

4. 实验模型表面大部分是曲面，测点往往很多，不容易准确确定点的几何位置，建议用激光经纬仪辅助进行测点的定位。

5. 在本次实验中，翼型的前半部分弯度较大，曲率变化大，导致压强变化剧烈，为了得到准确的数据，必须密集设置测量点，而后半部分压强变化较平稳，测量点可以少些。

第二十章　圆柱体表面压力分布测量实验

鉴于绕流物体表面压力分布测量在实际应用中的广泛性和在科研工作中的重要性，例如水工结构强度校核计算、机翼强度校核及升力计算、水动力计算等，因此流体类专业理工科学生应该掌握该实验方法的全部知识和技能，以达到独立设计制作实验的要求。下面介绍实验室圆柱体表面压力分布测量方法及手工测点制作要点。其他形状物体表面压力分布测量方法大同小异。

一、实验目的与要求

1. 学习流体绕流物体时，物体表面压力分布测量的一般方法。
2. 通过实验数据分析，掌握圆柱体表面压力分布规律。
3. 学会计算圆柱体表面压力分布系数的方法。
4. 通过实验了解实际流体绕圆柱体流动时，圆柱体表面压力分布的情况，并与理想流体绕流时的压力分布相比较。

二、实验装置及测点制作

1. 实验装置

圆柱体表面压力分布测量实验在水平型循环水槽中进行，实验装置主要由水平型循环水槽、速度传感器（毕托管）、圆柱体、多管测压板、传压软管及固定夹具等组成，详见图 20-1。

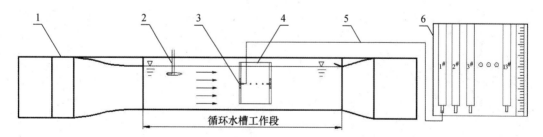

1—水平型循环水槽；2—速度传感器（毕托管）；3—测点；4—圆柱体；5—传压软管；6—多管测压板。

图 20-1　圆柱体表面压力分布测量实验装置图

2. 圆柱体几何参数及测点布置情况

表面压力分布测量实验一般在循环水槽或风洞中进行，本实验在水平型循环水槽中进行。水平型循环水槽工作段（稳定流场段）主尺度为长 7 m×宽 1.7 m×深 1.5 m，流速为 0.2～2 m/s，速度无级可调。圆柱体采用树脂玻璃钢制作，外径 D 为 0.27 m，高为 0.8 m。为了方便安装测点，圆柱体采用空心结构，壁厚 8 mm。圆柱体环周布置 13 个测点，如图 20-2 所示，每 15°一个测点，0°位置定义为驻点。由于圆柱体具有对称性，因此只测到 180°就可以，圆柱体表面压力分布图也只画到 180°。

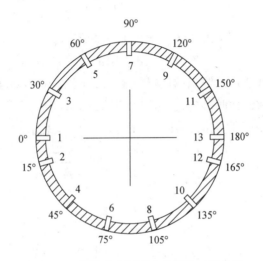

图 20-2　圆柱体表面测点编号及对应角度

3. 测点设计制作与安装注意事项

参见第十九章的"二、实验装置"的第 3 条"3. 测点设计制作与安装注意事项"。

三、实验原理

1. 本实验是伯努利能量方程原理的应用，即能量要素可以相互转换，如动能（速度能）转换成压力能。

2. 当流体绕流某物体时，该物体表面上任意一点的压力，是指由该点流速的法向分量产生的动压力，一般以水柱高度表示。

3. 圆柱体表面压力系数

（1）当理想流体绕圆柱体流动时，圆柱体表面的速度分布规律是

$$u_r = 0, \quad u_\theta = -2u_\infty \sin \theta \tag{20-1}$$

根据伯努利方程，圆柱体表面上任意一点的压力 p 可写为

$$\frac{p}{\rho} + \frac{u_\theta^2}{2} = \frac{p_\infty}{\rho} + \frac{u_\infty^2}{2} \tag{20-2}$$

由此可得

$$p - p_\infty = \frac{1}{2}\rho u_\infty^2 \left(1 - \frac{u_\theta^2}{u_\infty^2}\right) = \frac{1}{2}\rho u_\infty^2 (1 - 4\sin^2\theta) \tag{20-3}$$

定义无量纲压力系数 C_p 为

$$C_p = \frac{p - p_\infty}{\frac{1}{2}\rho u_\infty^2} \tag{20-4}$$

当理想流体绕圆柱体流动时，其无量纲压力系数为

$$C_\rho = 1 - 4\sin^2\theta \tag{20-5}$$

其中，θ 是圆柱体表面某测点的位置角度，以来流方向为基准（即 0°）。

（2）非理想流体绕流圆柱体时，速度在其表面某点产生的压力为 p_i，用水柱高度表示为 h_i，同样可以用无量纲的参数——压力系数 C_p 来表示。

$$C_p = \frac{p_i - p_\infty}{\frac{1}{2}\rho u_\infty^2} = \frac{p_i - p_\infty}{p_0 - p_\infty} = \frac{h_i - h_\infty}{h_0 - h_\infty} \tag{20-6}$$

即

$$C_p = \frac{h_i - h_\infty}{h_0 - h_\infty} \tag{20-7}$$

式中　p_i——任意测点 i 处的压力，其对应压强用水柱高度表示为 h_i；

　　　p_∞——无穷远处压强，其对应压强用水柱高度表示为 h_∞；

　　　p_0——来流总压强，其对应压强用水柱高度表示为 h_0；

　　　u_∞——无穷远处流体的速度；

　　　ρ——流体的密度；

　　　h_0、h_∞——由入口处速度传感器（毕托管）测得；

　　　h_i——实验主要测量量，由多管测压板测量得出。

4. 毕托管的能量转换作用

参见第十九章的"三、实验原理"的第 4 条"4. 毕托管的能量转换作用"。

5. 关于 p_0、p_∞、h_0、h_∞、u_∞、Re 的选取测量与计算问题

p_0、p_∞ 分别为来流总压强和静压强，其对应压强分别用水柱高度 h_0、h_∞ 表示，一般采用速度传感器（毕托管）处的总压强和静压强值。无穷远处的流速为 u_∞，实验计算中都是指速度传感器（毕托管）处的速度。

实验雷诺数的选择原则：若项目有雷诺数要求，则根据相似原理换算得出本循环水槽对应流速；若项目没有雷诺数要求，则现场观察模型后边的水面，当水面平稳，各测压管液面也平稳不波动时，选择此时的最大流速和次流速再各测一组数据，比较两次所得的数据曲线，选择曲线光顺、符合原理的作为合适流速，曲线不理想的还要

适当降低雷诺数。

实验条件下的雷诺数为

$$Re = \frac{u_\infty D}{\nu} \qquad (20-8)$$

式中　D——圆柱体的直径；

　　　ν——流体运动黏性系数；

　　　u_∞——来流速度，即无穷远处的流体速度。

四、实验方法与步骤

1. 在水平型循环水槽中初步安装并固定好圆柱体模型，把多管测压板安放到合适位置，把从测点引出的传压软管和多管测压板连接起来，注意对应关系。

2. 用洗耳球或抽气机排除连接传压软管中的气体，使多管测压板的各测压管和水槽形成连通器，将多管测压板的水平泡调到中心位置。若各测压管液面齐平，则表明各测压管气体均已经排尽；若各测压管液面不齐平，则表明还有气泡。洗耳球对准不平管嘴吸气，排除气体，直到所有测压管液面都齐平。

3. 调校驻点。将驻点对准来流，打开水槽开关，使流速保持在 0.5 m/s，在驻点附近上下来回微微转动模型，当压力值最大时就是驻点位置，此时固定好模型。

4. 调节流速旋钮，增加水流流速至 0.7 m/s，待压力传递稳定后（3～4 min），记录测压板上各测压管读数 $h_1 \sim h_{13}$ 于表 20-1 中。

5. 改变水流流速为 0.8 m/s，待压力传递稳定后，再测量一组数据并记录。

6. 实验结束后，关闭水槽电源，拆卸模型并将所有实验器物归位。

五、实验结果与要求

1. 记录实验常数及实验数据（表 20-1）。

实验段长 = ＿＿ m，实验段宽 = ＿＿ m，实验段深 = ＿＿ m，水温 = ＿＿℃，圆柱体直径 D = ＿＿ m，圆柱体高 = ＿＿ m，实验流速 u_1 = ＿＿ m/s，u_2 = ＿＿ m/s，h_{01} = ＿＿ cm，$h_{\infty 1}$ = ＿＿ cm，h_{02} = ＿＿ cm，$h_{\infty 2}$ = ＿＿ cm。

表 20-1　圆柱体表面压力测量实验数据及压力系数计算

序号	流速 1（0.7 m/s）			流速 2（0.8 m/s）		
	h_i	$h_i - h_\infty$	$C_p = \dfrac{h_i - h_\infty}{h_0 - h_\infty}$	h_i	$h_i - h_\infty$	$C_p = \dfrac{h_i - h_\infty}{h_0 - h_\infty}$
1						
2						
3						
4						
5						
6						
7						
8						
9						
10						
11						
12						
13						

2. 实验要求。

（1）在坐标纸上，以 θ 为横坐标、C_p 为纵坐标绘制流速为 0.8 m/s 时圆柱体表面压力系数的分布曲线图。

（2）在理想流体的情况下，计算圆柱体表面压力系数并绘制在按要求（1）画出的图中。

六、实验分析与讨论

1. 在本实验中，流场中物体表面某点压力是指什么？

2. 把实际流体和理想流体情况下的圆柱体表面压力系数分布曲线绘制在同一张图中，对比并分析曲线差异产生的原因。

3. 仔细阅读本章内容，总结测量流场中不规则物体表面压力分布的一般方法。

4. 仔细领会使用 PVC 透明软管制作"测点 + 传压管 + 测压管"一体的测量解决方案。

5. 在模型表面压力分布测量实验中，为什么要强调测点开孔方向一定是该点法线方向？

参 考 文 献

[1] 毛根海. 应用流体力学实验 [M]. 北京：高等教育出版社，2008.

[2] 冬俊瑞，黄继汤. 水力学实验 [M]. 北京：清华大学出版社，1991.

[3] 尚全夫，崔莉，王庆国. 水力学实验教程 [M]. 2 版. 大连：大连理工大学出版社，2007.

[4] 贺五洲，陈嘉范，李春华. 水力学实验 [M]. 北京：清华大学出版社，2004.

[5] 莫乃榕. 工程力学实验 [M]. 武汉：华中科技大学出版社，2008.

[6] 王英，谢晓晴，李海英. 流体力学实验 [M]. 长沙：中南大学出版社，2005.

[7] 奚斌. 水力学（工程流体力学）实验教程 [M]. 北京：中国水利水电出版社，2013.

[8] 张亮，李云波. 流体力学 [M]. 哈尔滨：哈尔滨工程大学出版社，2006.

[9] 时连军，陈庆光，李志敏. 流体力学实验教程 [M]. 北京：中国电力出版社，2015.

[10] 史宝成，付在国，宋建平，等. 流体力学实验教学指导书 [M]. 东营：中国石油大学出版社，2012.

[11] 张志昌. 水力学实验 [M]. 北京：机械工业出版社，2006.

[12] 李喜斌，李冬荔，江世媛. 流体力学基础实验 [M]. 2 版. 哈尔滨：哈尔滨工程大学出版社，2019.